特种机械可靠性鉴定试验设计与评估

吴大林　杨玉良　赵建新　张亚欧　董光玲◎编著

SPECIAL MACHINERY RELIABILITY

TEST DESIGN AND EVALUATION

北京理工大学出版社
BEIJING INSTITUTE OF TECHNOLOGY PRESS

内 容 简 介

本书针对特种机械——火炮可靠性鉴定试验现状,结合近年来取得的科研成果,采用理论分析与工程试验相结合的研究方法,从工程应用的角度,详细介绍了火炮可靠性鉴定试验设计与评估的方法,主要内容包括可靠性鉴定试验的基本概念、分类、一般程序,可靠性鉴定试验影响因子分析、基于威布尔分布的可靠性鉴定试验方案设计、可靠性鉴定试验综合设计技术研究、可靠性鉴定试验设计技术、基于性能退化的台架和仿真可靠性试验技术以及基于信息融合的可靠性鉴定试验评估方法等。

本书可供从事火炮装备论证、设计和试验验证的工程技术人员使用,也可供从事其他武器装备可靠性试验领域研究的工程技术人员学习、使用和参考。

图书在版编目(CIP)数据

特种机械可靠性鉴定试验设计与评估 / 吴大林等编著. --北京:北京理工大学出版社,2022.3
ISBN 978-7-5763-1159-4

Ⅰ.①特… Ⅱ.①吴… Ⅲ.①机械设计–可靠性设计–评估 Ⅳ.①TH122

中国版本图书馆 CIP 数据核字(2022)第 045034 号

出版发行 / 北京理工大学出版社有限责任公司
社　　址 / 北京市海淀区中关村南大街 5 号
邮　　编 / 100081
电　　话 / (010)68914775(总编室)
　　　　　 (010)82562903(教材售后服务热线)
　　　　　 (010)68944723(其他图书服务热线)
网　　址 / http://www.bitpress.com.cn
经　　销 / 全国各地新华书店
印　　刷 / 保定市中画美凯印刷有限公司
开　　本 / 710 毫米×1000 毫米　1/16
印　　张 / 13
字　　数 / 157 千字
版　　次 / 2022 年 3 月第 1 版　2022 年 3 月第 1 次印刷
定　　价 / 68.00 元

责任编辑 / 徐　宁
文案编辑 / 邓雪飞
责任校对 / 周瑞红
责任印制 / 李志强

前　　言

　　可靠性是装备在规定的时间内和规定的条件下完成规定功能的能力，是新型火炮的重要性能指标之一。传统可靠性的分析对象是寿命信息，但是随着科技的进步，设计、制造技术以及使用材料的不断提高与改善，武器装备的可靠性越来越高，寿命越来越长，在相对短期内无法获取足够的失效数据，因此很难利用传统的可靠性理论对装备进行可靠性评估。一方面，装备在试验和使用过程中获得的性能退化数据、专家等信息中包含了准确、丰富且与寿命非常相关的信息，是可靠性分析的一个丰富信息源；另一方面，一些统计学习理论、信息融合理论的发展，也为装备部件和系统的可靠性分析提供了有效的方法和理论。

　　鉴于此，针对传统可靠性鉴定试验方法与实际工程应用不相适应的问题，本书在分析装备试验的小样本寿命信息、性能退化信息等多源可靠性信息特点的基础上，深入研究了相关的可靠性评估技术和理论。

本书采用理论分析与工程试验相结合的研究方法，从工程应用的角度，详细介绍了特种机械——火炮可靠性鉴定试验设计与评估的方法，主要内容包括可靠性鉴定试验的基本概念、分类、一般程序，可靠性鉴定试验影响因子分析、基于威布尔分布的可靠性鉴定试验方案设计、可靠性鉴定试验综合设计技术研究、可靠性鉴定试验设计技术、基于性能退化的台架和仿真可靠性试验技术，以及基于信息融合的可靠性鉴定试验评估方法等。

本书由吴大林、杨玉良、赵建新、张亚欧和董光玲合作撰写。第 1、5、6 章由吴大林撰写，第 2、3 章由杨玉良撰写，第 4 章由赵建新撰写，第 7 章由张亚欧和董光玲撰写。全书由吴大林统稿。

本书是作者多年科研成果的积淀，感谢杨艳锋和化斌斌博士对本书的贡献，在编写中参考了许多专著和论文，他们的成果丰富了本书的内容，在此一并表示感谢。

限于作者学识水平，书中难免存在不足之处，恳请广大读者批评指正。

作　者

2021 年 10 月

目　录

第 **1** 章

绪　论

1.1　背景及意义

可靠性是装备在规定的时间内和规定的条件下完成规定功能的能力，是新型火炮的重要性能指标之一。火炮可靠性鉴定试验是为了验证军方提出的可靠性指标是否达到设计要求，由军方用有代表性的火炮在设计定型阶段，在规定条件下所做的试验。因此，可靠性鉴定试验能够反映火炮可靠性的实际情况，提供验证可靠性的估计值，并作为新研火炮能否设计定型的重要依据。

近年来，大量新型火炮通过研制定型列装部队，大大提高了我军的火力打击能力。然而，尽管新型火炮在设计定型阶段都开展了可靠性鉴定试验，且可靠性指标也大都达到了设计要求，但是在装备列装部队后的实际使用过程中却暴露出大量可靠性问题，严重影响了装备作战效能的发挥。综合火炮可靠性鉴定试验的实际情况，发现主要存在以下问题。

（1）可靠性鉴定试验属于典型的极小子样抽样试验，由于研制周期和经费的限制，投入试验的样本量非常有限，不能完全反映装备可靠性的统计特性。而且，设计定型阶段的装备，技术状态虽已固化，但仍处于可靠性增长过程。可靠性鉴定试验"结论"是对参与试验的"样本"可靠性状况做出"评价"，同时对后期生产的火炮装备的可靠性水平进行"预估"。但是，传统的方法解决小样本条件下可靠性增长评估问题较为困难，因此，提高"预估"的准确性是可靠性鉴定技术亟须解决的一个重要问题。

（2）可靠性鉴定试验的主要依据是 GJB 899A—2009《可靠性鉴定和验收试验》，其可靠性鉴定试验统计方案的前提是假设装备的寿命服从指数分布，但是考虑到现代火炮装备是属于机、电、液、气耦合的典型复杂可修系统，其寿命数据分布不完全服从指数分布，因此，GJB 899A—2009的试验统计方案是否适合火炮的可靠性评估等问题有待深入验证。

（3）对于火炮这类大型复杂系统，根据现阶段我国实际情况，可靠性鉴定试验只能与性能试验结合进行，而与性能试验结合进行的可靠性鉴定试验方法、风险分析、试验的组织实施、试验剖面及试验条件的设置、试验结果的处理分析与评估等一系列技术都有待研究解决。

（4）定型试验具有多阶段性，试验信息源于变母体。武器装备鉴定试验中往往采用"试试看看，看看试试"的策略，分阶段（演示样机、初样机、正样机）、分批次进行。在每次试验后，采取"设计—试验—改进设计—再试验"的方式，使被考核武器的性能参数不断改善。由于每次试验的工作环境、装备的功能、结构不断完善与改进，试验信息具有多种信息源，每次试验的可靠性试验数据和改进后的试验数据并非服从同一分布，且信息源情况各异,即使总体的分布形式已知,但分布参数却是动态变化的。即,可靠性试验分析与评估呈现出"小子样、多阶段、变母体"的特点,需要运用变动统计学方法对试验数据进行分析。

另外,传统可靠性的分析对象是寿命信息,但是随着科技的进步,设计、制造技术以及使用材料的不断提高与改善,武器装备的可靠性越来越高,寿命越来越长,在相对短期内无法获取足够的失效数据,因此很难利用传统的可靠性理论对装备进行可靠性评估。一方面,装备在试验和使用过程中的性能退化数据、专家等信息中包含了准确、丰富且与寿命非常相关的信息,是可靠性分析的一个丰富信息源;另一方面,一些统计学习理论、信息融合理论的发展,也为装备部件和系统的可靠性分析提供了有效的方法和理论。鉴于此,针对传统可靠性分析方法与实际工程应用不相适应的问题,本书在分析装备的小样本寿命信息、性能退化信息等多源可靠性信息特点的基础上,深入研究了相关的可靠性评估技术和理论。

因此,本书针对火炮可靠性鉴定试验中存在的问题,采用理论分析与工程试验相结合的研究方法,开展火炮可靠性鉴定试验设计与评估方法研究,在分析装备的小样本寿命信息、性能退化信息等多源可靠性信息特点的基础上,明确新型火炮的可靠性水平,提高可靠性鉴定试验的效率,研究成果对于提高火炮可靠性鉴定试验评估的准确性、充分发挥新型火炮的作战效能具有十分重要的意义。

1.2 国内外研究现状

1. 可靠性试验

可靠性试验是对装备的可靠性进行调查、分析和评价的一种手段,是指为分析、评价装备可靠性而进行的各种试验的总称。可靠性鉴定试验属于可靠性试验的范畴,是武器装备定型试验的重要组成部分,进行可靠性鉴定试验可以验证可靠性是否达到武器装备的研制总要求和研制合同中规定的指标要求,是由订购方用有代表性的装备在规定条件下所做的试验。

国外对可靠性进行系统的研究是从 20 世纪 50 年代开始的。美国 1952 年成立了电子设备可靠性咨询组（Advisory Group on Reliability of Electronic Equipment，AGREE），在 1957 年发表了《电子设备可靠性》的研究报告,阐述了可靠性的有关理论、方法及试验等方面的研究,该报告标志着电子装备可靠性的发展已趋于成熟。随着可靠性工程研究的进展,可靠性试验研究也有了发展,特别是在可靠性鉴定和验收试验方面进展较快,1963 年 5 月 15 日颁布了可靠性试验标准 MIL-STD-781《可修复的电子设备可靠性试验等级和接收/拒收准则》,并经过不断修改完善,1986 年 10 月 17 日颁布了 MIL-STD-781D《工程研制、鉴定和生产的可靠性试验》,1987 年 7 月颁发了与 MIL-STD-781D 配套使用的军用手册 MIL-HDBK-781,其名称为《工程研制、鉴定和生产的可靠性试验方法、方案和环境》,后期又将二者合并成为 MIL-HDBK-781A,该标准详细规定了综合环境应力、试验剖面的确定、统计试验方案等用于开展可靠性试验的内容。

1977 年,美国某机械系统可靠性试验团队对非电子类装备的可靠性试验方法进行了深入的研究,根据针对国防系统和机械工业领域的调查研究,最终得出美军标 MIL-STD-781 对于非电子类装备的可靠性试验不适用的结论。此后,美国罗姆航空研究中心也对非电子类装备进行了可靠性应用状况的调查及研究,得出了一致的结论。近年来,国内外很多学者逐渐开始重视机械装备的可靠性试验研究。2007 年,我国学者喻天翔等指出机械装备的可靠性试验应有自己的特色,不适合直接套用当前的可靠性标准、规范。

可靠性试验从实施方法的角度主要分为定时截尾试验、定数截尾试验、序贯试验,其中关于定时与定数截尾的试验方案应用最广泛。国内外众多学者对此做了很多研究,比如国内的李根成分别基于定时截尾和定数截尾详细论述了试验方案设计的程序，以及使用不同的试验方案进行鉴定试验时对试验结果影响的差异；郭奎和任占勇就 GJB 899−1990 中定时截尾试验方案下的 MTBF（Mean Time Between Failures，平均故障间隔时间）区间估计的计算方法进行了深入的分析；李海波和张正平等通过对定时试验方案和序贯试验方案两类统计试验方案的分析，指出每种方案的优点和缺点，并给出选取方案的依据。关于定时截尾和定数截尾的可靠性试验研究大部分是以电子装备为研究对象，成果已比较成熟。

序贯试验最早是在 20 世纪 40 年代，为了检查美国军火在生产阶段的质量由 A. Wald 提出的，随后逐渐被引入到其他很多领域，使得序贯试验方法逐渐发展起来。后来，很多学者针对序贯试验进行了深入的研究。1968 年，Darling 和 Robbins 针对序贯试验方法应用于不确定分布类型的装备有一些局限性的情况，深入研究了非参数的序贯试验方法；1976 年，Huffman 利用 Lorden 提出的新序贯试验方法对于一般的指数型分布推导出使得平均样本量最小时的序贯试验方法；20 世纪 90 年代，陈家鼎针对所有参数实现最小时情况的序贯试验方法进行了深入研究，并提出了一种渐近最优的序贯试验分析方法；近几年，陈家鼎和房钟祥针对任意序贯试验情况下，如何构造指数分布的均值的置信限进行了研究；为节省试验时间及试验成本，一些学者提出了时间序贯方法和分组序贯方法；为了避免抽样量过大或者试验时间过长，从而导致不必要的浪费，陈家鼎提出了截尾的序贯检验思想。随着序贯试验技术逐渐成熟，序贯试验方法被广泛应用于工程实际中。

随着 Bayes 理论的发展，国内外很多学者开展了 Bayes 可靠性试验技术研究，取得了很多有重要价值的成果，并在电子装备、武器装备等领域得到了广泛的推广。

2. 火炮可靠性鉴定试验

我国对可靠性工程的研究，基本上是从 20 世纪 70 年代开始的，20 世纪 80 年代末期，可靠性研究工作得到加强，相继成立了一批研究机构，形成了一批军用标准，以 GJB 450《装备可靠性工作通用要求》为标志，可靠性工作进入一个新的阶段，针对 GJB 450 中规定的可靠性鉴定试验如何做、指标如何考核等一系列技术问题，我国先后颁布了一些关于可靠性鉴定试验的国军标，例如 GJB 16—1984《地面炮瞄雷达可靠性试验方法》、GJB 349.16—1988《常规兵器定型试验方法 航空机关炮》、GJB 59—1989《装甲车辆试验规程》（包括可靠性鉴定试验内容）和 GJB 899—1990《可靠性鉴定和验收试验》。其中，GJB 899—1990《可靠性鉴定和验收试验》经过使用发展，被 GJB 899A—2009《可靠性鉴定和验收试验》替代，该标准详细规定了装备进行可靠性鉴定和验收试验的要求，并提供了有关的统计试验方案（指数分布）、参数估计和确定综合环境条件的方法及可靠性验证试验的实施程序。上述标准是近年来火炮装备设计定型中可靠性鉴定试验的基础。

但是，GJB 899A—2009 的相关规定主要适合装备的实验室试验即内场试验，对于火炮装备而言，由于其使用环境对装备可靠性有很大影响，同样的火炮装备在不同严酷程度的环境条件下使用，可能会表现出不同的可靠性量值，因此需要在装备使用的真实环境中或模拟的真实环境中验证，即火炮需要在外场验证。在外场条件下，虽然可靠性鉴定试验方案等内容可以参考 GJB 899A—2009 进行设计，但是火炮系统综合性、使用环境的综合性、外场试验应力的设置和试验成本等问题，特别是以寿命指数分布为基础的 GJB 899A—2009 试验统计方案是否适合火炮的可靠性评估等问题还有待深入研究。

3. 可靠性试验信息融合评估

信息融合技术的最大优势在于它能合理协调多源数据，充分综合有用信息，提高在多变环境中正确决策的能力。信息融合结合不同源信息，目的是根据不同的信息来源，对数据进行综合和集成，其过程是用数学方法和技术工具得到"高品质"的有用信息。

试验融合评估是通过合适的方法把靶场试验的多源信息结合起来，对试验样本量的充分性和试验设计点的合理性进行综合评价，确保靶场试验综合设计方案对装备性能评估的费效比最优。目前，专门针对试验融合评估的相关文献很少，大多是针对数据融合评估开展相关主题研究。

20 世纪 60 年代，国际上就已有人将 Bayes 方法用于可靠性统计分析。Bayes 可靠性评估技术的优势在于能充分利用大量的先验可靠性信息，然后结合少量样本数据进行可靠性评估，从而达到节约试验经费、缩短装备研制周期的目的。Bayes 方法的这一特点引起了人们的强烈兴趣，许多学者在此领域开展了相关研究工作并取得了大量的研究成果。到了 20 世纪 80 年代，已有这方面的专著，系统详尽地总结了这一方向的工作。近年来，学者们更注重与可靠性工程实践相结合，在现场试验数据较少的情况下，利用 Bayes 方法综合各种先验信息和小样本试验数据，以期得出更加合理和可信的评估结果。Pate-Cornell、Coolen、Lichtenstein 和 Newman 等对工程中存在的专家经验知识的收集、整理和合理利用问题进行了相关研究。Erto，Selby 和 Shoukri，Elperin 和 Gertsbakh，Arturo 等利用工程中常见的先验信息类型，分别对不同寿命分布类型的可靠性评估问题进行了分析。国内，周源泉在 Bayes 基础理论研究方面也做了大量工作。在应用方面，Bayes 方法在不同领域，如航空、武器、机械工业领域等都得到广泛关注。北京理工大学的周桃庚在光电系统 Bayes 可靠性评估方面做了大量工作；西北工业大学的宋保维重点研究了鱼雷系统的 Bayes 可靠性评估。

Bayes 方法是一类最常见同时也是研究最深入和应用最广泛的多源可靠性信息融合方法。除此之外，其他相关可靠性信息融合方法也逐渐得到人们的重视。Savchuk 和 Martz 利用最大熵方法和最大后验风险方法融合多种信息源的先验信息，得到了融合后的先验分布。Dubois 和 Prade 等在可能性理论框架下研究了主观可靠性信息的建模、融合问题。Smets 将证据理论引入可靠性评估工作中，对以分位数形式表述的专家意见进行融合，最终得出可信的可靠性评估结果。

国内，山东大学的张洪才等重点研究了基于信息融合技术的不精确可靠性数据的综合利用问题。国防科技大学的张士峰、张湘平等将相关融合理论应用于武器系统的精度评估和可靠性评估工作，并对同一系统在不同环境、不同条件下的可靠性信息融合、多源变母体可靠性信息的融合问题等提出了行之有效的解决途径；刘琦对基于专家信息和样条函数法的先验分布融合方法进行了研究；冯静对小子样复杂系统的可靠性信息融合方法做了较为全面的研究，重点对多源验前信息的加权融合方法、基于环境因子的可靠性信息融合方法、可靠性增长信息融合方法、退化失效信息融合方法进行了深入研究；王华伟在其博士论文中重点研究了液体火箭发动机可靠性增长信息融合方法，主要包括同一阶段同源信息的融合、同一阶段多源信息的融合和可靠性增长信息的融合；张金槐对多种验前信息源下的融合验后分布确定方法进行了研究，并在专著《Bayes 方法》中具体阐述了融合全过程试验信息的方法，包括先验分布的确定和 Bayes 统计推断等，为采用 Bayes 方法研究可靠性增长数据的融合奠定了理论基础。

另外，在多源试验数据的融合算法研究方面，由于在靶场试验的多源数据融合评估中，验前信息的样本数量一般远大于现场试验的样本量，引起了人们对先验信息"淹没"现场试验信息，使现场试验信息不起作用的担忧。因此，在多源试验数据的融合算法设计中，首要的研究内容是确定不同验前数据的信息权值，避免这种"淹没"现象的发生。

针对多源试验数据的信息权值确定问题，国内许多学者进行了研究，一些文献提出了限制仿真样本量的方法，尽管这种方法能够避免数据"淹没"问题，但是却带来了如何选取仿真样本的问题，并且削弱了仿真试验能够产生大量先验信息的优势。还有一些文献将验前分布设计为混合验前分布，并在融合权重中考虑仿真的可信性，这种方法在验前分布不适当时可能会得到错误的验后权重和验后估计。闫志强在其博士论文中提出了一种改进的混合验后融合方法，使用有验前样本量约束的现场样本边缘分布替代无信息验前下的现场样本边缘分布，从而避免验后权重和验后估计的错误。

综上所述，目前可靠性评估过程中的多源可靠性信息融合技术的研究工作已经相当广泛，已经取得许多成果且积累了丰富的经验，但尚未形成一个完整的体系，许多相关问题还没有得到有效解决，亟待进一步深入研究。同时，现有的研究主要集中在 Bayes 融合方法以及与之相关的多源先验信息的融合方面；此外，可靠性增长信息的融合也取得长足的发展。但其他信息融合方法，如模糊理论、证据理论等在可靠性评估中的应用研究还比较少。

1.3　本书主要内容

针对火炮可靠性鉴定试验中存在的问题，采用理论分析与工程试验相结合的研究方法，开展火炮可靠性鉴定试验设计与评估方法研究，主要包括以下内容。

1. 火炮可靠性试验与评定

主要介绍可靠性试验的基本概念、分类及要素、计划和程序，以及试验结果的评定，结合火炮装备的特点，介绍了火炮可靠性试验的特点与试验指标，最后重点分析了可靠性鉴定试验方案的设计、故障分类和试验流程。

2. 可靠性鉴定试验影响因子分析

首先在对比国内外复杂装备可靠性鉴定试验研究成果的基础上，综合梳理近年来靶场火炮可靠性鉴定试验的相关数据，定性分析综合环境试验条件、统计试验方案、试验参数的选择、试验总时间的判定、故障的判别与统计处理等试验因子对火炮可靠性鉴定试验的影响，为开展可靠性鉴定试验设计研究提供数据支撑。

3. 可靠性鉴定试验设计技术研究

试验设计是武器装备试验与鉴定中至关重要的问题，关系到试验的成败以及评估结果的准确与否。考虑新型火炮不同分系统的结构特性，采用性能退化、故障统计分析等方法，综合实装试验、台架试验、仿真试验等多种试验形式，开展可靠性鉴定试验的综合设计；结合火炮装备寿命分布规律，综合考虑生产方风险、使用方风险、鉴别比、故障间隔时间（MTBF）上下限等参数信息，开展试验方案的设计研究。

4. 基于信息融合的可靠性鉴定试验评估方法研究

在试验与鉴定领域，融合评估是对试验获取的数据进行整理、归纳、融合与推断的过程，是实现对系统性能客观评价的基础。首先，针对可靠性评估过程中存在的不同阶段、不同来源可靠性信息，系统分析信息融合技术的基础理论，研究火炮可靠性试验信息融合的基本策略与方法；然后，结合工程实际及历史数据所提供的先验信息，研究建立可靠性鉴定试验的Bayes 评估模型；最后，结合某型火炮设计定型试验，研究确定基于 Bayes理论的可靠性鉴定试验统计方案，开展基于 Bayes 理论可靠性鉴定试验评估方法研究。

第 **2** 章

火炮可靠性试验与评定

2.1 可靠性试验

2.1.1 可靠性试验的基本概念

1. 可靠性含义

装备的质量指标有很多种。例如，一门火炮的指标就有初速、最大射程、最大射速、射击密集度等。这类质量指标通常称为性能指标，即装备完成规定功能所需要的指标。除此之外，装备还有另一类质量指标，即可靠性指标，它反映装备保持其性能指标的能力。这是用户十分关心的问题。如武器系统出厂时的各项性能指标经检验都符合要求，但是在部队服役一定时间后武器系统是否仍能保持其出厂时各项性能指标呢？工业部门为了说明自己装备保持其性能指标的能力，或者军方希望知道装备保持其性能指标的能力，就要提出装备的可靠性指标或要求。

按国家标准，可靠性定义为"装备在规定条件下和规定时间内完成规定功能的能力"。

定义中的"装备"是指作为单独研究和分别试验对象的任何元件、器件、设备和系统。例如，对武器系统而言，根据研究目的不同，可以选择武器系统作为研究对象，也可以选择整个兵器或者兵器的某个零件、部件作为研究对象。

"规定时间"是指装备的工作期限，可以用时间单位，也可以用周期、次数、里程或其他单位表示。例如，对火炮而言，规定的时间一般用射弹数来表示；对自行火炮，还有行驶里程数；对火控系统，还有工作时间等。

"规定条件"是指装备的环境条件（如室内、野外、海上、陆地、空中等）、使用条件（如气候、气象、载荷、振动等）、储存条件、维护条件和操作技术等。

"规定功能"通常用装备的各种性能指标来表示。例如，火炮的规定功能主要是火炮的战技指标，如初速、射速、精度、强度、稳定性等。

对以上4方面内容必须有明确的规定，研究装备可靠性才有意义。可靠性是装备的一种"能力"，说明可靠性是装备的一种属性。装备制造出来后，其可靠性就基本确定。因此，有人认为，可靠性是设计出来的，制造是保证设计可靠性的实现，可靠性在使用过程中才表现出来。

一般将"装备""规定时间""规定条件""规定功能"和"能力"简称为可靠性的五要素。上述传统的可靠性定义，强调的是完成规定功能（完成任务）的能力。

2. 可靠性试验

产品生产出来后，它是否具备设计规定的功能（或性能），是否能承受使用环境下的各种应力，是否能在一定条件下正常工作至规定的时间，这些都是关系到产品是否可靠的问题，虽然在设计、制造上都做了种种努力，以图确保产品的可靠性，但究竟怎样，还应当在实践中进行检验。另外，在产品设计和生产过程中可能存在这样或那样的可靠性缺陷，通过试验，可以暴露设计、工艺、材料等方面存在的缺陷，从而采取措施加以改进，使可靠性逐步增长，最终达到预定的可靠性水平。

为了解、分析、评价、验证、保证和提高产品的可靠性而取得产品可靠性信息的试验统称为可靠性试验。广义来说，任何与产品失效（故障）效应有关的试验都可以认为是可靠性试验。狭义的可靠性试验往往是指寿命试验。

可靠性试验的作用是通过对试验结果的统计分析和失效（故障）分析，评估产品的可靠性，找出可靠性的薄弱环节，推荐改进建议，以提高产品的可靠性。

对于设计者，可靠性试验为之提供系统或设备设计的可靠性数据，或为改进设计找出存在的问题。

对于制造者，通过可靠性试验可以验证产品的性能，或挑出次品，或确定使用界限，或保证批量产品的可靠性合格率。

对于使用者，通过可靠性试验可以保证批量进货的可靠性水平。

对于管理部门，通过可靠性试验可以认证产品可靠性等级或确定产品的可靠性标准和规范。

因此，可靠性试验贯穿于新产品的研制、定型及批量生产的全过程之中，也就是说，产品从研制、定型到批量生产需要安排一系列可靠性试验。归纳起来，可靠性试验的目的有以下几点：

（1）对试验中所获得的可靠性基础数据，采用适当的方法进行统计处理，求得产品在预期工作条件下的可靠性特征值，从而对产品的可靠性进行评估、考核、鉴定，判断产品的设计及工艺是否能保证达到产品或系统的可靠性要求，并为提高可靠性提供依据。

（2）对批量产品进行可靠性筛选、验收，为产品在规定的使用时间内符合一定的可靠性指标要求或使用方规定的可靠性标准提供保证。

（3）通过试验结果进行产品失效分析，暴露产品在设计、制造、使用维护和管理等方面的薄弱环节，找出失效原因，提出改进措施，为产品的研制、设计提供依据，从而不断提高产品的可靠性水平。

当然，各种可靠性特征量是不能直接用测量设备、仪表测得的。因其取值虽然有宏观的规律，但微观上却是随机的，它只能通过对试验数据或现场数据统计分析得到，进而分析失效的各种原因，找出改进措施，为评估和提高产品的可靠性水平提供依据。

可靠性试验是保证和提高产品可靠性的重要手段。由于可靠性试验比常规的试验费时费钱，机械产品的可靠性试验更甚，因此，研究和采用恰当的试验方法不仅有利于保证和提高产品的可靠性，而且能够大大节省时间和费用，从而促使可靠性工作在各行各业深入开展下去。

2.1.2 可靠性试验分类及要素

1. 可靠性试验分类

可靠性试验的种类有很多，可以按不同的分类方法进行分类。

1）按照试验进行的地点分类

（1）现场试验：在现场使用条件下进行的可靠性测定和验证试验，也称工作试验。目的是确认产品的工作可靠性，或发现使用时的问题。该类试验能客观真实地评价产品在实际使用中的可靠性和维修性问题。

（2）实验室试验：在规定的可控条件下进行的可靠性验证或测定试验，试验条件可以模拟现场条件，也可以与现场条件不同，也称模拟试验。目的是确定产品的固有可靠性，或为改进设计提供依据，或为了取得基本失效数据。

2）按照可靠性计划的阶段分类

（1）研制试验：在新产品的研制过程中，为不断改进和提高产品可靠性而进行的试验。确认、评价设计可靠性水平，找出存在的问题，然后再反馈到设计中，使产品的可靠性逐渐增加，直到满足设计要求为止，又称为可靠性增长试验。

（2）鉴定试验：为对单个或批量产品的可靠性进行评定而进行的试验，鉴定新产品或改进设计后的产品是否达到预定的可靠性指标。试验的结果可以作为产品定型的依据之一。可靠性鉴定试验是统计试验工作项目，虽然它不能直接提高产品的可靠性，但作为对产品在工程研制阶段的全部可靠性工作成果的考核，可用来判定产品可靠性是否达到预期目标。

（3）验收试验：为确定稳定生产的产品可靠性指标是否达到要求，判定产品是否合格的试验，即通过试验检查批量产品的寿命、故障率等指标是否达到规定水平。一般在厂方和用户商定的方式方法下进行。它和可靠性鉴定试验同属于可靠性验证试验。

3）按照试验时施加在产品上的应力强度分类

（1）正常工作试验：产品在类似或接近实际使用条件下进行的试验。这种试验结果反映实际情况，但试验周期长。

（2）过负荷试验：负荷超过额定值的试验。

（3）临界试验：确定产品能承受多大应力，即载荷极限的试验，也称极限试验或安全裕度试验。

（4）加速寿命试验：在不改变产品失效模式、机理及分布类型的情况下，增大应力或加载频率，在物理上或时间上使产品的失效、劣化原因加速，从而用较短时间估计产品在试验应力强度不变的试验。

（5）变动应力试验：包括阶梯应力（即步进应力）试验、循环应力（即周期应力）试验、应力连续递增试验。

（6）存放试验：产品无负荷存放，观察其可靠性退化特征的试验。

4）按照试验内容分类

（1）功能试验：评价产品工作特性，检验产品是否具有规定性能的试验。

（2）耐久试验：即寿命试验。

（3）环境试验：评价在使用、运输或储存等各种环境条件下性能稳定性的试验。所谓环境条件，包括气候环境条件，如温度、湿度、真空、雨淋、盐雾、腐蚀性气体、沙尘、霉菌、爆炸、太阳光、核射线等，以及机械环境条件，如振动、冲击、加速度等。

5）按照试验规模分类

（1）全数试验：对全部产品进行可靠性试验。这种试验因所得数据多，可靠性指标的置信水平高。但对于破坏性试验或批量很大等情况全数试验是不可能的。因此，工程上经常采用抽样试验。

（2）抽样试验：从批量产品中抽取部分样品进行试验，利用试验结果计算批量产品的可靠性特征，并以此为根据判断批量产品质量（对可靠性试验指寿命、故障率）。对于批量产品进行可靠性鉴定和验收试验时必须采取抽样试验。

6）按照试验终止方法分类

进行可靠性寿命试验时，由于产品的寿命较长，在不能做完全寿命试验时，为了缩短试验时间，可进行截尾寿命试验。截尾试验又分：

（1）定时截尾试验：事先给试验定下一个时间 t，试验到此时刻结束，根据试验时间内的故障数判断产品可靠性。

（2）定数截尾试验：事先给定一个故障数，试验进行到该故障数出现时试验就结束，以进行的试验时间来判断产品可靠性。

（3）序贯寿命试验：事先制定一个试验方案图（累积故障数随时间变化），划定接受区、拒收区和继续试验区，随着试验的进行，及时在图上描点 $[T, r]$，如数据点落在继续试验区，试验就继续进行，直到描点落入接受区或者拒收区，试验终止，就可以相应地做出产品批的平均寿命是否合格的判定。

7）按照对可靠性的影响分类

（1）可靠性增长试验：为检查并改进产品可靠性而进行的试验。

（2）可靠性验证试验：为确认产品可靠性而进行的试验，即以一定的置信度来证明产品达到设计可靠性要求的试验，在设计定型后进行。

上述各类试验有着交错包含的关系。

2. 可靠性试验要素

（1）试验条件：试验条件包括工作条件、维修条件等。工作条件包括温度、湿度、大气压力、动力、振动、机械负载等。

（2）试验剖面（含时间）：试验时间是受试样品能否保证持续完成规定功能期限的一种度量。广义的时间包括工作次数、工作周期和距离，对于不同类型的样品，要求的试验时间也不相同。

（3）故障判别准则：

① 样品在规定的工作条件下运行时，任何机械、电子元器件、零部件的破裂、损坏以及使样品丧失规定功能或参数超出所要求的性能指标范围的现象，都作为故障计算。

② 由于试验设备、测试仪器因工作条件或人为改变而引起的故障，则不应计入故障。

（4）样品的抽取：一般应根据国际或国家标准，确定生产方、使用方风险及受试样品数和合格标准。

（5）试验数据处理：试验数据的分析和处理，既是设计、研究受试产品性能，提高其质量的基础，又直接关系到产品可靠性水平的评定。因此，要正确收集试验数据，并选择合理的统计分析方法。

2.1.3　可靠性试验计划和程序

1. 可靠性试验计划

进行可靠性试验前，必须先制订科学的试验计划，以便有效地实施试验。可靠性试验计划应包括以下基本内容：

（1）明确试验对象。

（2）确定试验目的及要求。

（3）明确试验项目及方法。

（4）选定试验场地及环境条件。

（5）确定抽样方法及样本大小。

（6）确定加载方法及应力水平。

（7）分析故障模式，明确故障判据。

（8）确定试验截尾方法及试验时间。

（9）选定试验装置及测试仪器、仪表。

（10）明确试验数据收集方法、数据内容及试验记录表格。

（11）确定试验人员及费用计划。

（12）确定试验结果分析及数据的统计处理方法，明确要获得的可靠性特征量。

（13）数据收集的反馈，确定试验报告格式。

2. 可靠性试验程序

在进行可靠性试验时，一般应按照一定程序进行，这样可以提高试验的有效性。可靠性试验的一般程序如下：

（1）被试品的接受。

（2）可靠性及其指标分析。

（3）制定试验方案。

（4）进行可靠性试验。

（5）数据收集与处理。

（6）信息反馈与建议。

实际工作中，要针对产品试验的具体情况，灵活运用试验程序，有目的、有计划地实施。在具体实施时，要完成以下工作内容：

（1）明确任务要求。要完成一个产品的可靠性试验，首先要明确提出任务单位和上级对本次可靠性试验有什么要求和规定。这些要求和规定一般是由提任务单位以"试验任务书"的形式给出。任务书的内容主要包括：被试品的名称或代号，试验性质、内容及时间，被试品可靠性预估值，可靠性下限值和上限值，判决风险率，研制过程中可靠性试验数据、可靠性增长曲线等。

（2）制定试验方案。在明确任务要求的基础上，制定试验方案，制定试验所需物资器材预算等。在制定试验方案时，要依据任务的性质、特点、要求，全面规划，统筹安排。同一个问题往往可以有几种不同的方案和方法，要充分论证和优化。除此之外，在制定方案时，还要合理确定试验条件与应力等级，要处理好可靠性与试验质量的关系。

（3）编写试验实施计划。试验所需产品等物资到场后，应根据所安排的时间事先制订试验实施计划。实施计划和内容应包括以下几个方面：

① 一般情况：任务的依据，试验的目的、特点、时间、地点，被试品的来源、状况、数量及技术情况。

② 试验前的准备工作和分工：各参试单位的工作要点，检查和测量的项目，必要的物资器材保障等。

③ 试验进度内容：试验项目、要测试的数据、保障条件、配合单位、进度排列等。试验复杂时，最好用网络计划进行安排。

④ 场地和试验设备、设施要求等。

（4）试验准备。实施计划下发后，按计划中的要求进行试验前的准备工作。如果有任何一项条件不满足，则试验不能开始。从技术角度，在进行可靠性试验前应进行必要的准备工作和管理工作，以免在试验做完后，进行统计分析定量估算时缺少必要的信息和数据。因为有些丢失或漏取的数据和信息往往是无法找回的，要么重新做，费工费时，又不经济；要么再现性差，难以取得该数据。

（5）试验实施。可靠性试验要严格按照确定的试验方案、试验条件、试验应力和试验周期实施。不准简化规定的试验程序，不得降低试验标准和要求。要严格遵守各项规章制度，加强试验的组织管理，正确填写试验记录，严把试验的质量关，确保试验质量和安全。实施各类装备的可靠性试验主要做好功能监视和参数测量、装备的预防维修、观察故障现象、分析故障原因、压缩故障范围、故障排除、检测与调试以及试验完后装备的恢复与保养等工作。

（6）汇总试验数据，校审测试结果。试验后，收集、汇总各参试单位的测试结果与数据处理结果，然后逐一进行详细校审，以保证所测结果的真实性与准确性。

（7）数据处理。按试验内容和要求对数据进行分析处理，求得满足统计计算的基础数据。

（8）试验报告。可靠性试验报告是进行可靠性试验的正式记录，主要用来评估可靠性要求得到满足的程度。其主要内容一般包括试验日记和数据记录，失效记录，失效摘要报告，可靠性试验总结报告。

（9）结果评估。主要对产品的可靠性合格与否进行判决。判决的依据主要是试验时间、责任故障数以及所用统计试验方案中的判决标准。

2.1.4　可靠性试验结果评定

可靠性评定就是根据产品的试验信息及可靠性结构模型，利用概率统计方法给出产品可靠性特征值。这种评定工作可以在产品研制的任一阶段进行，但在定型时需要经过可靠性评定来评估产品所达到的可靠性水平。因此，它是可靠性工作必不可少的环节。

武器系统可靠性试验结果评定是依据对武器系统及其组成单元进行可靠性试验所得的数据或其他有关武器系统可靠性的信息，对武器系统的可靠性特性（如平均寿命等）进行评估。

可靠性评定可按下列步骤进行：

（1）单元可靠性评定。选择一个适当的可靠性特征量来表示某个功能单元的可靠性，比如可用故障率来表示连续工作设备功能单元的可靠性特征量，根据试验结果，评定单元可靠性。

（2）绘制产品的功能框图及可靠性逻辑框图。根据所实现的功能、各功能单元之间的联系，画出系统的功能框图，再按照可靠性预计方法绘出可靠性逻辑框图。

（3）建立可靠性计算模型。根据系统可靠性逻辑框图构造系统可靠性特征量计算模型，根据各单元可靠性来推算出连续工作系统的可靠性。

武器系统可靠性验证试验后，一般应根据试验结果给出订购方需要的 MTBF 的观测值（点估计值）和 MTBF 在置信度 γ 下的区间 (θ_L, θ_U)。

2.2　火炮可靠性试验

火炮可靠性是影响火炮任务完成的重要特性，也是决定火炮效能的重要因素。对于火炮，其可靠性同其功能和性能一样，是决定火炮效能的重要因素。现代火炮功能的多样性和结构的复杂性、战争使用环境的恶劣性、设计所采用理论和技术的不确定性与研制周期要求短的矛盾性、武器系统全寿命周期管理中对经济性和安全性的要求，这些都为火炮可靠性试验提出了新的课题，也将火炮可靠性试验提到十分重要的地位。

2.2.1　火炮可靠性试验特点

由于火炮主要由机械零部件组成，所以它不同于电子装备的可靠性。

火炮的故障模式比较复杂，主要为耗损型故障；环境应力复杂且难以准确预计；排除早期故障受经济性制约而难以实行；零部件为非标准件；一个部件具有多种功能且使用环境恶劣，使得失效率统计工作和可靠性预计工作实施困难，可靠性数据十分缺乏；维修方式采用修复与更换并重；

寿命试验和可靠性试验是小子样试验，而且有些分系统或零部件寿命不服从指数分布，无法使用指数分布的统计试验方案；可靠性要考虑载荷、几何尺寸、材料性能等因素的分散性和随机性，涉及力学、摩擦学、电化学等众多学科，开展研究工作非常困难。

在火炮可靠性试验中，鉴别故障模式和确定故障加权系数相当困难，这些问题往往是争论的焦点和难点。之所以成为焦点是因为牵涉到评估。而难点在于：

（1）产品性能不可靠类故障的性能参数容差限确定和测量，例如火炮身管寿命标准的确定就是一个困难的问题，既要判断弹道寿命和疲劳寿命的孰大孰小，还要根据弹带是否削光、初速下降量、弹丸转速大小、引信瞎火等不同标准来确定弹道寿命是否终了。

（2）复杂系统故障原因与故障现象间存在单因多果、多因多果的复杂关系。

（3）激励与响应型故障（如火炮射击中温升过高引起反后坐装置漏液和性能下降引发后坐力变化和精度下降；零部件热变形使间隙尺寸超差引发系统失调和零部件损坏等）、可逆性故障（热变形故障和低温故障在检查中因温度恢复，故障原因难以查明）以及系统失谐型故障（系统与分系统同时进行可靠性鉴定时，分系统故障可能是因系统中其他分系统与之相容性存在问题引发，这种故障的诊断本身就是一个难题）的判定和计数。

（4）对于每一种具体产品，故障模式均不相同，所以确定故障模式和确定故障加权系数是一项艰苦的工作。

2.2.2　火炮可靠性试验指标

火炮可靠性鉴定试验分火力、行走、火控电气三大分系统进行。因此，火炮可靠性试验指标也根据对应分系统规定了三个指标，即：

火力系统可靠性指标：平均故障间隔发数（MRBF）。

　　行走系统可靠性指标：平均故障间隔里程（MMBF）。

　　火控系统可靠性指标：平均故障间隔时间（MTBF）。

　　我们知道，直接反映火炮使用需求的可靠性参数的量值是可靠性使用指标，火炮需要达到和必须达到的可靠性指标分别称为可靠性目标值（goal）、可靠性门限值（threshold），但在火炮研制合同和研制任务书中，需要将可靠性目标值、可靠性门限值分别转化为可靠性规定值（specified value，SV）、可靠性最低可接受值（minimum acceptable value，MAV）。在可靠性鉴定试验中，常常使用可靠性指标的上限值 θ_0 和下限值 θ_1 指标。下限值 θ_1 为 MAV（军方的最低可接受值），上限值 θ_0 为 SV（合同规定的可靠性期望值）。可靠性指标定义如下：

　　MAV：表示军方的可靠性要求，即军方能允许和接受的最低的可靠性水平，这个指标是主要考核的指标。

　　SV：一般是可靠性增长试验要评估的指标。SV 比 MAV 要高。

　　可靠性指标的上限值 θ_0：即可靠性度量的期望值（表示 MRBF、MMBF、MTBF 假设值的上限值）。使得可靠性参数的真值接近 θ_0 时，可靠性试验方案将以高概率接受该产品。

　　可靠性指标的下限值 θ_1：即可靠性度量的不可接受值（表示 MRBF、MMBF、MTBF 假设值的下限值）。使得可靠性参数的真值接近 θ_1 时，可靠性试验方案将以高概率拒收该产品。

　　鉴别比 d：检验上限 θ_0 与检验下限 θ_1 的比值，$d = \theta_0 / \theta_1$。

　　使用方风险率 β：表示当火炮系统的可靠性真值低于下限值时，使用方却要接受该系统的概率。

　　生产方风险率 α：表示当火炮系统的可靠性真值高于上限值时，生产方却遭到拒收该系统的概率。

　　置信水平 C：可靠性度量的验证区间或置信区间的置信水平。一般地，订购方规定此验证区间（或置信区间）的置信水平。若无规定，建议采用置信度 $C = (1 - 2\beta) \times 100\%$。

MRBF、MMBF、MTBF 的观察值 $\hat{\theta}$：试验中产品总的工作时间、射击发数和行驶里程除以关联故障数。

MRBF、MMBF、MTBF 的验证区间：在试验条件下 MTBF、MRBF、MMBF 真值的可能范围，即规定置信度下对 MTBF 的区间估计。该值用观察值 $\hat{\theta}$ 乘以上下限因子得到。

2.3 可靠性鉴定试验

可靠性验证试验的作用是使订购方能拿到合格的产品，同时承制方也能了解产品的可靠性水平。它包括可靠性鉴定试验和可靠性验收试验。这两种试验都是应用数理统计的方法验证产品可靠性是否符合规定要求，因此是统计试验。本书主要讨论可靠性鉴定试验。

可靠性鉴定试验的目的是验证产品的设计是否达到规定的可靠性要求。可靠性鉴定试验是由订购方认可的试验单位按选定的抽样方案，抽取有代表性的产品在规定的条件下所进行的试验，一般用于设计定型、生产定型以及重大技术变更后的鉴定。

可靠性鉴定试验是用来验证产品在批准投产之前已经符合合同规定的可靠性指标要求，并向订购方提供合格证明。可靠性鉴定试验必须对要求验证的可靠性参数值进行估计，并做出合格与否的判定。必须事先规定统计试验方案的合格判据，而统计试验方案应根据试验费用和进度权衡确定。可靠性鉴定试验应在产品设计定型前按计划要求及时完成，以便为设计定型提供决策信息。

可靠性鉴定试验的试验条件应模拟产品的真实使用条件，因此要采用能够提供综合环境应力的试验设备进行试验，或者在真实的使用条件下进行试验。为了减少重复费用、提高效率并保证不漏掉那些在单独试验中经常被忽视的缺陷，武器系统可靠性验证试验应尽可能与性能、环境应力、耐久性试验结合进行,构成一个比较全面的可靠性综合验证试验大纲和计划。可靠性综合验证试验大纲和计划一般应包括下面几方面的内容:确定系统的可靠性要求及试验目的;规定可靠性试验条件;规定故障判据;制订试验进度计划及人员职责;制定详细的可靠性试验方案;受试品说明及性能监测要求;可靠性试验数据的处理方法;试验报告的内容等。

2.3.1　试验方案的设计

武器系统可靠性试验方案用于说明可靠性试验的安排以及它与综合试验总要求的关系。试验方案是试验大纲的细化和深化,是可靠性试验的技术基础。

制定试验方案的人员应有深厚的理论功底和丰富的实践经验,要由可靠性专业技术人员和试验总体技术人员共同完成。制定试验方案必须与研制方充分交换意见。

方案制定时应认真做好战术技术指标分析、武器系统分析和试验方法分析。对研制阶段技术状态的更改情况及可靠性增长信息要掌握,试验中除特殊环境试验外要尽可能结合其他兵器试验项目。

武器系统可靠性验证试验实际上是结合在武器系统其他性能试验项目中进行的。在兵器的全寿命周期中,根据不同目的要进行若干循环。不尽相同试验项目编排的试验,如摸底和鉴定的研制试验,摸底、鉴定、定型、交验的使用试验,当然研制试验和使用试验有时是同步共存的,为了有效地利用资源,最好对这两种试验进行一体化设计。

在武器系统可靠性验证试验中,一般采用抽样试验的方法。抽样试验进行之前必须首先确定抽样方案,即抽检量 n、合格判定数 r_0、试验时间 T、置信水平 γ 等。目前,可靠性抽样试验方案已经形成一些标准,并制成了相应的表格供使用时查阅。

由于抽样试验是以一部分产品的一试验结果推断整批产品合格与否,

这样的做法，一点错误都不犯是不可能的，只能要求犯错误的概率尽量小些。所犯错误存在两种类型，一种是把本来应该属于合格的产品批判定为不合格，一般用 α 表示这种情况出现的概率，对生产方不利，称为生产方风险；另一种是将本来不合格的产品批判定为合格，一般用 β 表示该情况出现的概率，对使用方不利，称为使用方风险。α、β 是相互对立的，不能同时都很小。实际中常常是生产方和使用方共同协商，确定一个双方都愿意承担的 α、β，作为制定抽样方案的基础和依据。抽样试验中存在的两类错误说明产品批是以一定的概率被判为合格或不合格的，这个概率是产品的可靠性水平（λ、MTBF、R 等）、抽检量 n、试验时间 T 和该时间内允许故障数 r_0 的函数，这个函数称为抽样特性函数。

在武器系统可靠性验证试验的抽样试验中，采用的最基本分布是指数分布。通常这种试验是在规定的应力条件下，让试样连续工作，随着试验时间的增长，试样产生故障，此时应对有限的试样故障或故障个数进行记录或测定，然后，采用统计分析的方法推出寿命特性参数 MTBF、$R(t)$ 均等相应的数值。在服从指数分布的情况下，在时间区间 $[0, t]$ 内发生 r 次故障的概率为

$$P(r) = \frac{1}{r!} \left(\frac{t}{\theta} \right)^r \mathrm{e}^{-\frac{t}{\theta}} \qquad (2-1)$$

当真正的 MTBF 为 θ 值时，则在 $[0, t]$ 的时间内发生 r_0 次或低于 r_0 次故障的概率为

$$P(r \leqslant r_0) = \sum_{r=0}^{r_0} \frac{1}{r!} \left(\frac{t}{\theta} \right)^r \mathrm{e}^{-\frac{t}{\theta}} \qquad (2-2)$$

在计数一次抽样方式中，要求在试验时间达到规定的总试验时间 T 后，检查在规定时间内的故障数 r；如果故障数 r 比事先规定的故障数（合格判定数 r_0）少，则判断该抽样的母体为合格批。当要求武器系统的 MTBF 为最小允许值 θ_1 时，也就是 MTBF $= \theta_1$（即允许的故障率 $\lambda_1 = 1/\theta_1$）也作为合格时，则式（2-2）可写为

$$L(\theta_1) = \sum_{r=0}^{r_0} \frac{1}{r!} \left(\frac{T}{\theta_1} \right)^r e^{-\frac{T}{\theta_1}} = \beta \qquad (2-3)$$

式中，r_0 为合格判定数；$T = nt$ 表示总的试验时间（当试样 n 增加一倍，试验时间 t 就可以减少一半）；β 为使用方风险率。使用方风险率 β 的含义是：把真实的 MTBF 比最小允许的 MTBF (θ_1) 还小的武器系统错判为合格的概率小于 β。例如，选 $\beta = 0.1$，则式（2-3）表示：当给定试样 n 和试验时间 t（即 T）时，即可用 $1 - \beta = 90\%$ 的置信水平来保证这批产品的故障率小于 λ_1。

当要求武器系统的目标值 MTBF $= \theta_0$（即故障率的目标值 $\lambda_0 = 1/\theta_0$）时，在试验过程中，每当产品发生故障后，立即进行更换（总试样不变，更换时间很短，可忽略不计），总的试验时间取为 T，当武器系统处于有效寿命期内，则产生 r_0 次或 r_0 次以下的故障概率可用以下公式表示：

$$L(\theta_0) = \sum_{r=0}^{r_0} \frac{1}{r!} \left(\frac{T}{\theta_0} \right)^r e^{-\frac{T}{\theta_0}} \qquad (2-4)$$

式中，$T = nt$ 为总的试验时间（其中 n 为试样数，t 为试验时间）。把真正的 MTBF 等于要求的 MTBF (θ_0) 的武器系统错判为不合格的概率为 α，即

$$L(\theta_0) = \sum_{r=0}^{r_0} \frac{1}{r!} \left(\frac{T}{\theta_0} \right)^r e^{-\frac{T}{\theta_0}} = 1 - \alpha \qquad (2-5)$$

式中，θ_0 为要求的 MTBF 值（λ_0 为合格故障率，且 $\theta_0 = 1/\lambda_0$）；r 为故障次数（或个数）；α 为生产方风险率。生产方风险率 α 的含义是：把真实的 MTBF 比要求的 MTBF(θ_0) 还大的武器系统错判为不合格的概率小于 α。可靠性抽样特性函数如图 2-1 所示。

在武器系统可靠性验证试验中，方案主要由 θ_0，θ_1，α，β 确定（θ_0，θ_1 确定后，也就确定了鉴别比 $d = \theta_0/\theta_1$），根据以上参数可由式（2-4）和式（2-5）联立求解出确定试验方案的两个参数：试验时间 T 和允许的最大故障数 r_0。但这种求解在实际使用中是非常复杂的，常以标准形式的试

验方案给出。表 2-1 为根据式（2-4）和式（2-5）计算的几种常用试验方案。

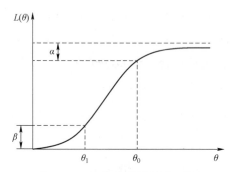

图 2-1 可靠性抽样特性函数

表 2-1 常用可靠性试验方案

序号	α	β	d	T/θ_1	r_0 接受（≤）	r_0 拒收（≥）	备注
1	0.1	0.1	1.5	45.0	36	37	标准型定时试验方案
2	0.1	0.2	1.5	29.9	25	26	
3	0.2	0.2	1.5	21.5	17	18	
4	0.1	0.1	2.0	18.8	13	14	
5	0.1	0.2	2.0	12.4	9	10	
6	0.2	0.2	2.0	7.8	5	6	
7	0.1	0.1	3.0	9.3	5	6	
8	0.1	0.2	3.0	5.4	3	4	
9	0.2	0.2	3.0	4.3	2	3	
10	0.3	0.3	1.5	8.1	6	7	短时高风险定时试验方案
11	0.3	0.3	2.0	3.7	2	3	
12	0.3	0.3	3.0	1.1	0	1	

实际上，由于武器系统可靠性验证试验只能与设计定型试验的其他试验项目结合进行，所以试验方案只能根据 θ_0，T，d 来设计。具体过程为：根据 θ_0，T，d 计算 r_0，α，β，根据计算出的 α，β 来选取 r_0，若某 α，

β 能使用方和研制方双方满意，则选取其对应的 r_0。如某火炮定型试验计划能用于可靠性鉴定的总射击发数为 $T=435$ 发，指标要求 $\theta_0=200$ 发，$d=2.5$，确定考核中允许出现的故障数 r_0。根据公式可计算得出序列 r_0 及对应的 α，β（一般列表）。根据计算结果，使用方风险 β 和生产方风险 α 比较接近，均能使用方和研制方双方满意，则选取其对应的允许故障数 r_0。

2.3.2　故障分类与判据

当试验中武器系统出现故障后，应对武器系统各种故障进行判别和分类。武器系统故障可分为非关联故障和关联故障。从可靠性统计的角度，关联故障可分为责任故障和非责任故障（包括人为性故障和突发性故障等）；从可靠性增长的角度，关联故障可分为系统性故障（通过改进设计和制造缺陷可消除或减少故障率，故障由设计、制造和装配方面的因素所引起，具体表现为原发性、诱发性和原理性的故障）和偶然性故障（也称为残余性故障）。根据是否需要采取纠正措施分为 A 类（不予纠正）和 B 类（可纠正）故障。

为了评估，在数据处理时只统计试验中的责任故障。如为独立的责任故障，则统计为一次责任故障，并进行加权处理。责任故障和由此引起的从属故障只算作一次责任故障，并进行加权处理。责任故障中的重复故障，在试验中采取纠正措施后，如果该故障在试验中不再发生，且不发生故障的时间大于重复故障出现时的累计试验时间，使用方确认故障已消除，评估统计处理时不予统计。

在设计定型试验故障统计时，由于设计定型是定原理、定结构，设计定型中工艺并不成熟，用于软、硬件技术建设的资金和实物不到位，人员培训不足，相当一些制造缺陷不能暴露，所以在设计定型中应加强试验设计构造缺陷发育、发展的培育环境，尽可能揭示缺陷，通过失效机理分析对故障定位，对设计和制造缺陷的属性进行分类，为武器系统的改进和决策提供依据，应将此作为着力点和关键点。统计中对材料检验、工艺设计、工艺加工和装配等生产缺陷按每类重复故障作为一次故障计入总故障数中。

2.3.3　试验流程

可靠性鉴定试验的目的是确定装备的设计是否达到规定的可靠性水平，由订购方用有代表性的装备在规定条件下进行试验。可靠性鉴定试验的实施主要分三个阶段，即试验前准备阶段、试验运行阶段和试验后总结阶段。

试验前准备阶段的主要工作是对受试装备进行技术状态分析，编制试验方案、大纲、试验程序等有关文件，受试装备的安装与测试等。

试验运行阶段的主要工作是按照试验程序确定的内容施加环境应力，对受试装备进行性能和功能检查，出现故障后的故障处理、故障分类，过程中信息记录等内容。

试验后总结阶段主要是对试验中出现的故障处理结果进行分析，对试验结果进行评估，编写试验报告。

1. 试验前准备工作

（1）成立试验工作组。试验工作组一般设置5种岗位：组长、副组长、样机技术负责人、试验条件保证负责人和成员。组长由承试单位参加试验的负责人担任，副组长由驻研制单位军代室参加试验的主管军代表担任，试验条件保证负责人由承试单位主管试验员担任，样机技术负责人由装备主管设计师担任，各参试单位的其他人员为试验工作组成员。

（2）制定试验程序等文件。为规范可靠性鉴定试验的过程控制和管理，确保可靠性鉴定试验质量，试验前应由研制单位提供"可靠性鉴定试验测试细则"，并经军厂（所）双方会签后提交试验工作组，承试单位根据试验大纲和测试细则制定试验程序。

（3）试验设备状态检查。检查所有用于可靠性鉴定试验的设备的计量证书、技术说明书、试运行曲线等相关运行记录，以确认试验设备均处于计量、合格有效期内，且能够产生和保持试验所需的试验条件，并满足试验大纲的要求。

（4）测试仪器仪表状态检查。检查所有用于可靠性鉴定试验的测试仪器仪表的计量证书、技术说明书，以确认测试仪器仪表均处于计量、合格有效期内，并满足试验大纲的要求。

（5）受试装备状态检查。检查受试装备质量检验报告、军检证书及相关试验的报告，确认受试装备的技术状态是否满足试验大纲的要求。

（6）受试装备初检。对受试装备的外观、结构、功能与性能进行初检，排除因运输等人为因素对受试装备可能造成的影响。

（7）受试装备安装。模拟受试装备在实际使用中的安装方式，将受试装备安装在综合环境试验箱内。受试装备及夹具的重心应调整到合适位置，以保证振动应力合理施加。接好各种监测设备、仪器，连接、密封好有关电缆和引线。受试装备安装连接完毕后，试验工作组应对受试装备、相关测试电缆进行唯一性标识。

（8）受试装备振动响应检查。受试装备安装好后，需全面检查电气连接情况及试验现场有无妨碍试验进行的多余物。安装振动传感器，对受试装备振动响应进行检查，先从小量级开始进行短时间试振，然后按试验剖面要求的振动量级逐步升级，以检查样机安装效果和动态特性，使之符合控制精度要求，并记录试振结果。

（9）受试装备常温性能测试。受试装备安装好后，在常温下对受试装备进行一次全面的功能检查和性能测试，确保样机处于完好状态。

（10）出具条件保证报告。上述工作完成后，试验条件保证负责人应出具试验条件保证报告，报告应描述温湿度试验设备状态、温湿度参数设置及核查情况，振动试验设备状态、控制点布置、振动控制方式、振动参数设置及核查情况，以及电源和测试仪器仪表准备情况，并给出是否具备可靠性鉴定试验条件的结论。

（11）试验前工作检查。正式开始可靠性鉴定试验前，由试验工作组对受试装备、试验设备、参试人员、后勤保障等方面准备工作情况进行检查。检查通过后由试验工作组下达正式开始可靠性鉴定试验的指令。

2. 试验执行

（1）制定试验循环工作安排表。每个试验循环开始前，试验工作组应制定试验循环工作安排表，也可同时制定多个试验循环的工作安排表，由试验工作组组长签字发布，作为具体工作计划由试验工作组遵照执行。当试验出现异常情况时，需及时调整试验计划表。试验工作组组长负责试验循环工作计划表版本的现行有效性。

（2）施加试验应力。

① 施加温、湿度试验应力。承试单位试验值班人员负责按试验循环工作安排表和相关规定操作温度、湿度试验设备，并对实际温度、湿度应力进行连续监测，以确保温、湿度应力的施加符合试验大纲要求。

② 施加电应力。承试单位试验值班人员负责按试验循环工作安排表和相关规定操作电源设备，调整电源输出电压，确保电压拉偏符合规定。研制单位值班人员负责接通和断开电源到受试装备的开关。承试单位试验值班人员每次调整电压完毕后，通知研制单位值班人员确认电压，给受试装备施加电应力，以确保电应力的通断时序符合试验大纲要求。

（3）试验中的监测。

① 试验设备的监测。在试验期间，应全程监控试验设备的运行。温、湿度设置超温报警，试验值班人员记录当班期间的试验设备运行情况。

② 受试装备的监测。在试验期间，全程监控受试装备的功能及性能，以确定受试装备的功能、性能是否符合其技术规范的要求，在试验大纲规定的测试点对受试装备进行测试并记录结果，并将测试结果与试验前和试验期间其他循环测得的功能结果进行比较，以确定受试装备性能变化

的趋势。

（4）试验设备故障处理。当试验设备运行异常或发生故障时，承试单位试验值班人员应视情况作应急处理，并及时通知试验工作组组长，且必须将故障现象、发现时机、试验应力等详细记录下来。经确认需终止试验时，应以尽量不影响受试装备的方式将试验箱温度调整到常温。在试验设备排除故障的同时，必须对受试装备进行全面检查，以排除试验设备对受试装备可能造成的影响。

（5）受试装备故障处理。当受试装备出现异常或故障时，承试单位和研制单位试验值班员必须将故障现象、发现时机、试验应力等详细记录在相应的可靠性试验测试记录表和试验日志的记事栏中，并向试验工作组负责人报告。除非故障会危及受试装备安全或受试装备已无法工作方可中断试验程序和切断受试装备电源外，一般应让其继续试验以便对故障进行观察，获得更多的故障信息。故障发生后，注意保护故障现场，并记录故障现象。排故前，由试验工作组决定排故方式，并对故障定位和隔离的程序及操作步骤作周详的考虑。排除故障后，现场值班人员需对故障分析或排除故障过程所做的工作进行详细记录。故障定位后应尽量利用试验现场条件验证定位的正确性。

试验期间为了寻找故障原因，允许受试装备带故障运行。但在故障受试装备未恢复正常前，故障受试装备的试验时间不计入总有效试验时间，但必须做好记录，供进一步分析用。在此期间出现的故障，除已确定为非关联故障外，若不能确定是由原有故障引起的从属故障，则进行分类和记录，并作为与原有故障同时发生的多重关联故障处理。

故障分析清楚并准确定位后，应充分利用试验现场条件对受试装备进行修复和纠正。若现场无法对受试装备进行修复和纠正，则更换备件继续试验。

（6）试验时间统计。试验工作组组长根据试验日志负责统计试验时间。

3. 试验后工作

（1）受试装备恢复。当受试装备累计有效试验时间达到试验大纲要求时，试验终止，停止试验应力施加，一般情况以不高于 1 ℃/min 的温变率将试验箱内温度恢复到常温。

（2）受试装备状态检查。受试装备恢复到常温后保持一段时间，然后对受试装备进行全面的外观、结构检查，以及功能、性能测试。

（3）合格与否判定。可靠性鉴定试验合格与否的判决在对受试装备的故障进行分类后或在其他适当的时刻进行。受试装备总有效试验时间达到大纲要求，且责任故障发生数在方案允许的范围内，则作出接受判决；否则，则作出拒收判决。

（4）试验后工作检查。试验结束后，试验工作组向有关单位报告并进行试验后工作检查，总结试验工作。若受试装备发生故障，则提出故障审定和分类意见，安排试验后故障分析及落实纠正措施等工作，对遗留问题提出处理意见。

（5）试验数据交接。试验结束后，试验工作组向承试单位试验执行负责人移交所有试验原始记录。承试单位对所交资料负有保密责任。

（6）试验报告编制。试验结束后，承试单位试验执行负责人根据试验工作组提供的检查意见、试验的各项原始记录，编制正式试验报告。试验报告经承试单位主管部门审查、批准后，上报上级主管机关，抄送有关单位。

从上述可靠性鉴定试验的主要工作可以总结出，可靠性鉴定试验主要包含下述内容：

（1）试验目的和试验范围。

（2）鉴定试验的可靠性指标。

（3）装备的数量和抽样方法。

（4）试验环境应力条件和试验周期设计。

（5）装备预处理和预防性维修要求。

（6）装备性能、功能的监测项目和方法。

（7）装备的失效判断准则。

（8）统计试验方案的选择。

（9）接收和拒收的判定。

（10）试验设施、仪器和仪表要求。

（11）试验的记录和报告。

进一步对这些主要内容进行分析，可以看出与可靠性鉴定试验相关的技术内容有很多，比如：

（1）可靠性鉴定试验中统计试验方案的确定，试验方案中有关参数的选择，如鉴别比、检验上限、生产方与订购方风险、试验时间等。

（2）试验剖面的确定，也就是综合环境条件。

（3）故障判别、统计与处理。

（4）试验中的维修方案确定。

（5）试验的综合设计。

（6）试验的技术保障等。

这些技术内容的确定直接影响了试验评估的准确性以及试验时间和试验成本。

## 第 3 章

火炮可靠性鉴定试验影响因子分析

可靠性鉴定试验是为确定装备可靠性与设计要求可靠性的一致性，由订购方用有代表性的装备在规定条件下所做的试验。

装备设计定型阶段所进行的可靠性鉴定试验的目的是向订购方提供合格证明，即装备在批准投产之前，已经符合最低可接受的可靠性要求。因此可靠性鉴定试验应该反映典型的代表性的实际情况，并提供验证可靠性的估计值。可靠性鉴定试验的结果是装备能否设计定型的依据。

对于火炮装备，由于订购方提出的可靠性指标是重要的战技指标，因此也需要在设计定型阶段进行可靠性鉴定试验，以验证火炮是否达到订购方提出的最低可接受的可靠性要求，并作为新研火炮能否设计定型的依据之一。

从近年来火炮可靠性鉴定试验的实践来看,一方面,可靠性鉴定试验方案设计中有关参数的选取方面缺少明确可行的规范,在故障判别、故障处理方面没有科学而又结合实际的统一准则,没有明确的接收、拒收界限等;另一方面,对于火炮这类大型复杂系统,根据现阶段我国实际情况,可靠性鉴定试验只能与性能试验结合进行,而与性能试验结合进行的可靠性鉴定试验方法、风险分析、试验的组织实施、试验剖面及试验条件的设置、试验结果的处理分析与评估等一系列技术都有待研究解决。

因此,本章综合梳理近年来靶场火炮可靠性鉴定试验情况,着重围绕火炮试验剖面、统计方案、故障判别与统计、试验维修方案等因素,定性分析其对火炮可靠性鉴定试验的影响,为开展可靠性鉴定试验设计研究提供数据支撑。

3.1　试验剖面的影响

3.1.1　试验剖面概述

装备的固有可靠性是装备的固有特性,但是装备的使用环境对装备的可靠性有很大影响。同样的装备在不同严酷环境下使用,可能会表现出不同的可靠性量值。因此装备的可靠性鉴定应尽可能在装备的真实使用环境中或模拟的真实环境条件下验证,这个环境条件称为试验剖面。

试验剖面是进行可靠性鉴定时直接供试验用的环境参数与时间关系图,是按照一定的规则对环境剖面进行处理后得到的。下面以某电子装备的可靠性试验剖面为例,简要介绍试验剖面的组成。

某车载炮通信系统可靠性试验,其试验剖面由温度、振动和电应力组成。试验剖面将所选的应力及其变化趋势按时间轴安排。各种应力的施加时间，按装备预计会遇到的各种环境下任务持续时间的比例确定。图 3-1给出了某车载炮通信系统可靠性鉴定试验剖面。

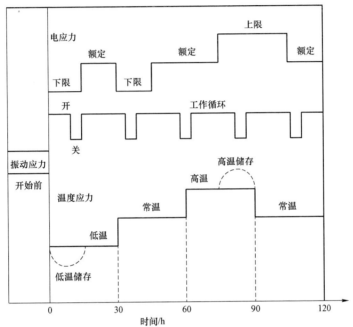

注：1. 试验箱的温度变化速率不超过3 ℃/min；
　　2. 高低温储存时，不施加振动应力、电应力和工作循环。

图 3-1　某车载炮通信系统可靠性鉴定试验剖面

（1）温度应力。温度应力的施加是模拟装备在冬天和夏天实际的温度变化曲线（包括变化速率）。按剖面图中温度规定的时间顺序，将施加的温度应力的温度值及其变化率送入温度箱控制系统。

（2）振动应力。随机振动应力是根据受试装备工作阶段中所经历的振动频谱的任务剖面，分不同量级施加。按剖面图所规定的时间顺序，将施加的振动应力的功率谱幅值、频率范围、容差大小送入振动台控制系统。

（3）电应力。对受试装备加电压的标称值和上限值或下限值。具体规定如下：在第一循环通电阶段，电应力设置在上限值，第二循环设置在标称值，第三循环设置在下限值，第四循环再设置在上限值，以此类推，直到试验结束。在每个试验循环的低温和高温各安排两次通、断电动作。

3.1.2 火炮可靠性鉴定试验剖面问题探讨

目前进行火炮可靠性鉴定试验时，一般结合性能鉴定试验的其他项目进行，推荐试验顺序：先按性能、射击强度、战斗射速射击、高低温射击的顺序进行，然后再结合其他射击项目，直至达到验证试验统计方案规定的试验截止时间或拒收故障数；若结合所有射击试验后仍不能对装备可靠性作出结论，则追加可靠性试验。

因此，现在形成了与性能试验、环境适应性试验、耐久性试验相结合的外场综合性试验方法。性能试验、环境适应性试验、耐久性试验也称为传统的火炮定型试验的内容，主要包括：

（1）验收被试火炮及火炮全貌照片。

（2）火炮进场前静态检查。

（3）内弹道试验。

（4）外弹道试验。

（5）强度试验。

（6）战斗勤务性能及参数测定。

（7）战斗射速试验。

（8）寿命试验。

（9）极端环境试验。

（10）牵引试验。

（11）极端自然环境试验。

目前火炮可靠性鉴定试验剖面的设计就是根据可靠性鉴定试验方案中所需的可靠性试验时间对上述火炮试验项目（性能试验、环境适应性试验、耐久性试验）进行选择的问题。

1. 应力环境条件问题

火炮可靠性鉴定试验的试验剖面一般应包含总射弹数量，不同环境、应力条件下的射弹比例等，而且不同环境、应力条件应该尽可能接近实战使用情况。但是如果在性能试验、环境适应性试验、耐久性试验项目中选择时，存在应力环境是否一致的问题。这里举一个简单的例子，比如某型火炮的可靠性鉴定试验剖面所需射弹发数为 1 000 发，这时需要在性能试验、环境适应性试验、耐久性试验项目中选择多个项目才能凑够 1 000 发的数量要求，比如火炮强度试验 200 发，战斗射速射击试验 300 发，高温自然环境试验 100 发，低温自然环境试验 100 发，模拟环境条件试验 150 发，常温弹道及立靶密集度试验 150 发等，一共凑够 1 000 发的要求，这样就必然存在与可靠性鉴定试验中所需的不同环境、应力条件下的射弹比例不一致的情况，也就是应力环境不一致的问题。

2. 试验项目先后顺序问题

目前的火炮可靠性鉴定试验是与性能试验、环境适应性试验、耐久性试验项目相结合的一种思路。但是在进行火炮定型试验时，性能试验、环境适应性试验、耐久性试验项目的试验开展先后顺序不同是否对火炮可靠性鉴定试验评估的准确性产生影响，也是值得商榷的问题。

3.2　统计方案的影响

3.2.1　统计方案概述

可靠性鉴定试验就其方法而言，是一种抽样检验程序，属于统计试验范畴。与其他抽样检验的不同之处在于，它所关注的是与时间有关的装备特征，如平均故障间隔时间（MTBF）等。

1. 统计验证的基本概念

一个统计问题涉及的个体的全部集合为"总体",当个体定义为某一个特性值时,比如定义为某一门火炮的平均无故障间隔时间(MTBF),那么总体即所有这一批火炮的平均无故障间隔时间(MTBF)的集合,则总体中的每一个个体可以看成 MTBF 这个随机变量的一个观测值,这个随机变量的分布称为"总体分布"。

逐个检测总体中的每一个个体,当然可以掌握总体的情况,但这一般来说又不现实,所需的工作量往往很大,不一定是经济的,如果检测是破坏性的,那么逐个检测也根本不可能。这时就涉及了抽样的概念。

按照一定的规则从总体中抽取一组(一个或多个)个体称为"样本"。样本中的每个个体有时也称为样品。样本中所包含的个体数目叫"样本量",这一过程称为抽样。"抽样检验"就是利用所抽取的样本对装备进行的检验来反映总体的特性。

样本毕竟不是总体,从而根据样本的检验结论多少有一些误差,也就是有一定错判的风险。一般来说,抽取的样本量越大,误差越小,风险越低,但试验费用就比较大,因此选定抽样试验方案需要权衡试验费用和风险。

对于可靠性简单试验而言,在装备设计定型时,还未投入批生产,只生产了不多的供鉴定试验所用的装备,因此装备的特性值、属性值的总体分布只是在理论上存在,但此时是未知的,我们只有根据为数不多的样本做出结论。

2. 抽样检验方案

可靠性鉴定试验是一个抽样检验过程,即从一批装备中抽取一定数量的样本进行试验,用样本的试验结果来判定该批装备的可靠性。如果抽样检验用于装备的验收就称为抽样验收;如果抽样检验用于估计装备的平均质量就称为抽样估计。可靠性鉴定试验既包含抽样验收过程(判定该装备是否达到规定的可靠性要求),也包含抽样估计过程(通过样本的试验数据估计装备的平均可靠性水平）。这两个过程同时存在于一次可靠性鉴定试验中，但它们的结论是相互独立的。

　　抽样检验中可能有两种错误：第一种错误是将合格装备判为不合格，这对生产方不利，其风险称为生产方风险（α）；第二种错误是将不合格装备判为合格，这对订购方不利，其风险称为订购方风险（β）。

　　抽样检验中用接收概率来衡量对合格装备和不合格装备的判别能力，它是装备不合格率（p）的函数，记为 $L(p)$。$L(p)$ 与 p 的函数关系曲线称为抽样特性曲线（OC 曲线）。理想标准方案的 OC 曲线如图 3-2 所示。但是如此理想的抽样方案是不存在的，实际抽样方案的 OC 曲线如图 3-3 所示。

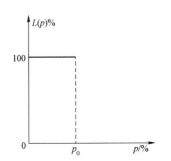 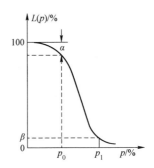

图 3-2　理想抽样方案的 OC 曲线　　图 3-3　实际抽样方案的 OC 曲线

　　对于理想抽样方案，如果装备的不合格率 p 不超过规定值 p_0，则应该 100%接收；如果不合格率超过规定值 p_0，则应该 100%拒收。但这只有全数检验才能做到，那就不是抽样检验了。因此订购方会根据自己的需要选定一个极限质量水平 p_1，当装备的不合格率低于极限质量水平 p_1 时，理想情况是不予接收的，但由于抽样方案不可避免的缺点，还存在一定概率给予了接收，这个风险称为订购方风险（β），即将不合格判定为合格。对于生产方而言，其心中也有一个质量标准 p_0，即当装备不合格率低于 p_0 时，理论上是应该被接收的，但同样存在抽样风险，仍有一定概率被拒收，这一风险称为生产方风险 α，即将合格判定为不合格。

　　一个好的抽样方案应该具有以下特点：当装备可靠性较好时以高概率

接收；当装备可靠性较差时接收概率迅速减小，当装备的可靠性差到某个规定水平时，以高概率拒收。显然，我们希望以上两类错误的概率都比较小。

3. 统计试验方案分类

统计试验方案分类如图 3-4 所示。

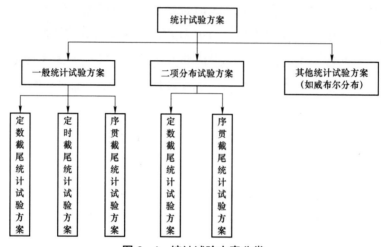

图 3-4　统计试验方案分类

（1）定时截尾试验是指事先规定试验截尾时间，利用试验数据评估装备的可靠件指标。定时截尾统计试验方案的优点是判决故障数及试验时间、费用在试验前已能确定，便于管理，是目前可靠性鉴定试验中用得最多的试验方案。其主要缺点是为了作出判断，质量很好的或很差的装备都要经历最多的累计试验时间或故障数。

（2）定数截尾试验是指事先规定试验截尾的故障数，利用试验数据评估装备的可靠性指标。但由于其事先不易估计所需的试验时间，所以实际应用较少。定数截尾试验方案主要适用于成败型装备。

（3）序贯截尾试验是按事先拟定的接收、拒收及截尾时间，在试验期间对受试装备连续地观测，并将累计的试验时间和故障数与规定的接收、拒收或继续试验的判据做比较的一种试验。这种方案的优点是做出判决所要求的平均故障数和平均累计试验时间最小，因此常用于可靠性验收试验。其缺点是故障数及试验时间、费用在试验前难以确定，不便管理；且随着装备质量不同，其总的试验时间差别很大，尤其对某些装备，由于不易作出接收或拒收的判断，因而最大累计时间和故障数可能会超过相应的定时截尾试验方案。

目前，国内已颁布的标准试验方案有 GB 5080.5—1985《设备可靠性试验成功率的验证试验方案》、GB 5080.7—1986《设备可靠性试验恒定失效率假设下的失效率与平均无故障时间的验证试验方案》及 GJB 899A—2009《可靠性鉴定与验收试验》。

4. 统计试验方案原理

以指数分布，定时截尾试验为例，说明统计试验方案的设计原理。

这里以装备的故障分布符合指数分布为假设基础，设装备的可靠度为 $R(t)$，不可靠度 $F(t) = 1 - R(t)$，由于装备的寿命是符合指数分布的，故

$$\begin{cases} R(t) = \mathrm{e}^{-\lambda t} \\ F(t) = 1 - \mathrm{e}^{-\lambda t} \end{cases} \tag{3-1}$$

到时间 t 时，n 个装备出现 r 个故障的概率为

$$p = C_n^r F(t)^r R(t)^{n-r} \tag{3-2}$$

故到时间 t 时，出故障的装备数 $r \leqslant c$ 从而被接收的概率为

$$L'(t) = \sum_{r=0}^{c} C_n^r F(t)^r R(t)^{n-r} \tag{3-3}$$

由于一般 λ 的值都很低，故

$$\begin{cases} R(t) = \mathrm{e}^{-\lambda t} \approx 1 - \lambda t \\ F(t) = 1 - \mathrm{e}^{-\lambda t} \approx \lambda t \end{cases} \tag{3-4}$$

即接收概率

$$L'(\lambda) = \sum_{r=0}^{c} C_n^r (\lambda t)^r (1 - \lambda t)^{n-r} \tag{3-5}$$

在 $n\lambda t \leqslant 5$，$F(t) \leqslant 10\%$ 的条件下，二项概率可用泊松概率近似，即

$$L'(\lambda) = \sum_{r=0}^{c} e^{-n\lambda t} \frac{(n\lambda t)^r}{r!} \qquad (3-6)$$

可靠性鉴定的一般情况下 n 都比较小，故 $T^* \approx nt$，从而

$$L'(\lambda) = \sum_{r=0}^{c} e^{-\lambda T^*} \frac{(\lambda T^*)^r}{r!} \qquad (3-7)$$

对指数寿命的设备，$\lambda = 1/\theta$，故接收概率亦是平均寿命 θ 的函数：

$$L(\theta) = \sum_{r=0}^{c} \left(\frac{T^*}{\theta}\right)^r \frac{e^{-T^*/\theta}}{r!} \qquad (3-8)$$

订购方要求装备平均寿命 θ 的最低质量为 θ_1，相应的订购方风险为 β，生产方可接受质量为 θ_0，相应的生产方风险为 α，于是有

$$\begin{cases} L(\theta_0) = \sum_{r=0}^{c} \left(\frac{T^*}{\theta_0}\right)^r \frac{e^{-T^*/\theta_0}}{r!} = 1-\alpha \\ L(\theta_1) = \sum_{r=0}^{c} \left(\frac{T^*}{\theta_1}\right)^r \frac{e^{-T^*/\theta_1}}{r!} = \beta \end{cases} \qquad (3-9)$$

解此方程便可得到 T^* 和 c，因为 c 只能是整数，上式只能被近似满足。

令 $d = \theta_0 / \theta_1$ 为鉴别比，由于 θ_0、θ_1 已知，因此 d 亦是已知的。所以 T^* 与 θ_1 的倍数是有关系的。

通过上面的计算，可以得到标准定时方案和短时高风险定时方案分别如表 3-1 和表 3-2，鉴别比分别为 1.5、2.0 和 3.0，标准定时方案的风险值 α、β 取 10%或 20%，短时高风险试验统计方案中 α、β 取 30%。

表 3-1　标准定时截尾试验统计方案

方案号	决策风险/%				鉴别比 $d = \dfrac{\theta_0}{\theta_1}$	试验时间（θ_1 的倍数）	判决故障数	
	名义值		实际值				拒收数（≥）Re	接收数（≤）Ac
	α	β	α'	β'				
9	10	10	12.0	9.9	1.5	45.0	37	36
10	10	20	10.9	21.4	1.5	29.9	26	25
11	20	20	19.7	19.6	1.5	21.5	18	17

续表

方案号	决策风险/%				鉴别比 $d = \dfrac{\theta_0}{\theta_1}$	试验时间 （ θ_1 的倍数）	判决故障数	
	名义值		实际值				拒收数（≥）Re	接收数（≤）Ac
	α	β	α'	β'				
12	10	10	9.6	10.6	2.0	18.8	14	13
13	10	20	9.8	20.9	2.0	12.4	10	9
14	20	20	19.9	21.0	2.0	7.8	6	5
15	10	10	9.4	9.9	3.0	9.3	6	5
16	10	10	10.9	21.3	3.0	5.4	4	3
17	20	20	17.5	19.7	3.0	4.3	3	2

表 3-2　短时高风险定时截尾试验统计方案

方案号	决策风险/%				鉴别比 $d = \dfrac{\theta_0}{\theta_1}$	试验时间 （ θ_1 的倍数）	判决故障数	
	名义值		实际值				拒收数（≥）Re	接收数（≤）Ac
	α	β	α'	β'				
19	30	30	29.8	30.1	1.5	8.1	7	6
20	30	30	28.3	28.5	2.0	3.7	3	2
21	30	30	30.7	33.3	3.0	1.1	1	0

以某自行高炮电气系统为例：$\theta_1 = 50$ h，$d = 2$，经生产方与订购方协商，取 $\alpha = \beta = 20\%$，确定该电气系统的可靠性鉴定试验统计方案如下：

已知 $d = 2$，$\alpha = \beta = 20\%$，此方案应为方案 14，查得累计试验时间 $T^* = 7.8$，$\theta_1 = 390$ h，$Re = 6$，$Ac = 5$。

从而方案为：样品 2 台（订购方和生产方根据现有样品的实际情况协商而定），出故障后可修复再试，累计试验时间 390 h 停止，统计试验期间出现的故障数。如果 $r \leqslant 5$，接收；如果 $r \geqslant 6$，拒收。

3.2.2 火炮可靠性鉴定试验统计方案问题探讨

从上述统计方案概述中可以看出，统计方案可以分为两大方面：故障分布规律和统计方案参数。下面从这两个方面探讨目前火炮可靠性鉴定试验统计方案存在的问题。

1. 故障分布规律问题

目前的统计方案都是在假设装备的故障分布满足指数分布的前提下制定的统计试验方案表。对于电子类装备而言，故障分布满足指数分布是可接受的。但是对于火炮系统尤其是火力系统而言，其主要由机械系统组成，那么故障分布是否符合指数分布规律值得商榷，目前更多的研究表明，机械系统的故障分布规律与威布尔分布更加吻合，因此，在目前进行火炮可靠性鉴定试验时，故障分布规律的前提假设有待商榷。

2. 统计方案参数选择问题

选定一种故障分布后，统计方案参数的选择（风险值、鉴别比、样本量）也是影响可靠性鉴定试验结果的重要方面。目前在进行可靠性鉴定试验时，基本都是基于经验选择确定双方风险值、鉴别比等。但是不同统计参数的选择对于可靠性鉴定试验评估的准确性影响程度却缺乏研究，这也是本课题需要研究的问题之一。

3.3 故障判别与统计的影响

3.3.1 故障判别与统计概述

可靠性鉴定试验的最终落脚点是通过统计故障个数来判断接收或拒

收的。那么关于故障的判别以及统计原则的确定是可靠性鉴定试验一个很重要的因素。

1. 故障判别

故障判别本质上是研究算不算故障的问题。研究可靠性实际上是研究故障，可靠性要求必须建立在规定的故障定义范围内。故障定义不同，将造成可靠性定量要求的不同，导致订购方与生产方不必要的麻烦。故障判别实际上包含两层含义：故障的定义和分类。

根据 GJB 899A—2009 对故障的定义，在试验过程中，出现下列任何一种状态时，应当判定装备出现故障：

（1）受试装备不能工作或部分功能丧失。

（2）受试装备参数检测结果超出规定允许范围。

（3）装备的机械、结构部件或元器件发生松动、破裂或损坏。

装备在试验中出现故障后，需要判断这个故障是责任故障还是非责任故障，也就是判断是否应该由生产方承担责任。只有责任故障才是可靠性鉴定试验中统计的故障。

根据 GJB 451A—2005，故障分为关联故障和非关联故障，关联故障则进一步可分为责任故障和非责任故障，故障判别流程如图 3-5 所示。

试验中，出现下列情况的故障可判为非责任故障：

（1）误操作引起的受试装备故障。

（2）试验设施及测试仪表故障引起的受试装备故障。

（3）超出设备工作极限的环境条件和工作条件引起的受试装备故障。

（4）修复过程中引入的故障。

（5）将有寿器件超期使用，使得该器件产生故障及引起的从属故障。

（6）除可判定为非责任故障外，其他所有故障均判定为责任故障，如：

① 由于设计缺陷或制造工艺不良而造成的故障。

② 由于元器件潜在缺陷致使元器件失效造成的故障。

③ 由于软件引起的故障。

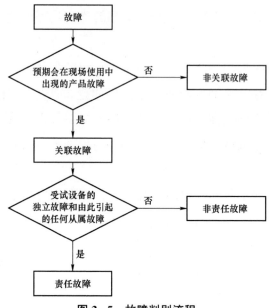

图 3-5 故障判别流程

④ 间歇故障。

⑤ 超出规范正常范围的调整。

⑥ 试验期间所有非从属故障原因引起的故障征兆（未超出性能极限）而引起的更换。

⑦ 无法证实原因的异常。

2. 故障统计

故障统计本质上是研究故障算多少的问题。试验过程中只有责任故障才能作为判定装备合格与否的根据，因此在试验过程中只统计责任故障，按照目前国军标的规定，责任故障统计原则参照下面进行：

（1）当可证实多种故障模式是由同一原因引起时，整个事件记一次故障。

（2）有多个元器件在试验过程中同时失效时，若不能证明是一种元器件的失效引起了其他元器件的失效，则每个元器件的失效都记为一次独立的故障。若可证明，则所有元器件的失效统计为一次故障。

（3）可证实是由同一原因引起的间歇故障，若经分析确认采取纠正措施验证有效后将不再发生，则多次故障合计为一次故障。

（4）多次发生在相同部位、相同性质、相同原因的故障，若经分析确认采取纠正措施验证有效后将不再发生，则多次故障合计为一次故障。

（5）已经报告过的同一原因引起的故障，由于未能真正排除而再次出现时，应和原来报告过的故障合计为一次故障。

（6）在故障检测和修理期间，若发现受试装备还存在其他故障而不能确定是由原有故障引起的，则应该视为单独故障统计。

3.3.2　火炮可靠性鉴定试验故障判别与统计问题探讨

在火炮系统进行的可靠性鉴定试验中，对出现故障的判别、分析与统计处理是一项十分重要的技术活动，它直接涉及能否对被试火炮系统做出合格与否的判别这个最终的试验目标。有关国军标规定，在鉴定试验方案实施前，必须由承制方与订购方商定或制定鉴定试验方案，其中就包括故障判别准则。而目前在实施中，由于对火炮这样的系统可靠性鉴定试验没有统一的故障判别准则，或选用标准的不同，订购方与承制方常常在对故障分不分级、统计中加不加权，或分多少级甚至对故障的定义等问题上有分歧意见。

故障判别就是定义什么是故障，以及这个故障是否属于责任故障用于统计的问题。目前国军标中关于故障判据的定义比较具有普适性，比较粗略。对于火炮系统而言，不同于电子装备，火炮系统的复杂性导致故障的多样性，有些故障可能双方会有不同的意见，关于火炮系统故障判别准则的细化是需要解决的问题之一，也就是进一步细化火炮系统可靠性鉴定试验中关于故障的定义与判别，将出现的不同情况都进行定义分类。

关于故障分级与加权的讨论一直存在，有支持有反对。对于火炮系统而言，故障分级与加权更有说服力。主要理由有：

（1）火炮系统的可修复性决定了故障程度是有差异的。

（2）火炮系统功能任务的复杂性与性能参数的差异性。

（3）对火炮故障进行分级和加权比较符合当前火炮研制的实际，是比较能达成的一致意见。

故障的分级即在可靠性鉴定试验中出现故障后，判断这个故障属于致命故障、严重故障、一般故障还是轻微故障，不同故障的级别在统计时按照不同的系数进行加权，如表3–3所示。

表 3–3　故障分级与加权

故障类别	加权系数	主要特征
致命故障	∞（做不合格判据）	导致人员伤亡，系统毁坏和故障
严重故障	1	人员严重伤害，系统严重故障，短时间简单维修无法排除
一般故障	0.5	人员轻度伤害，系统轻度故障，对完成功能有一定影响
轻微故障	0.2	对完成功能有轻微影响，短时易排除

但是故障分级与加权存在的最大问题是主观判断性，容易受到人为干扰，比如试验中发生一个有争议的故障，生产方与订购方围绕这个故障到底属于哪一类故障以及加权因子的大小展开争辩讨论，没有一个客观的标准。

3.4　试验过程中维修方案的影响

3.4.1　维修方案概述

GJB 899A—2009 中对可靠性鉴定试验中的维修方案进行了明确："在

可靠性鉴定试验期间，只进行设备使用期间规定的和已列入批准的试验程序中的预防维修措施。除订购方特殊批准的以外，可靠性鉴定试验期间或修理过程中不应采取任何其他的预防性维修措施。

预防性维修措施一般包括清洗、润滑、调整、复位和更换寿命件等。对于在现场中使用的需要定时维修的火炮装备，在做可靠性鉴定试验时也应该按照现场使用要求对火炮进行预防性维修，当试验进行到预防性维修时刻时，应中断试验，进行预防性维修。

3.4.2　火炮可靠性鉴定试验维修方案问题探讨

1. 预防性维修时机问题

目前我军的火炮维修方式采用视情维修与定期维修相结合的方式，以视情维修为主。视情维修为主就存在主观判断性问题，双方容易产生不一致。因此在进行可靠性鉴定试验时，生产方想方设法增加预防性维修的次数，因为主观性太强，没有一个严格的标准，因此这就造成可靠性鉴定试验结果的可信度是否可靠的问题。

2. 预防性维修方式问题

预防性维修措施一般包括清洗、润滑、调整、复位和更换寿命件等。其中存在的最大问题也是视情，视情更换组件、修理部件等。比如在可靠性鉴定试验中应该采取清洗润滑方案时，生产方竭力主导更换组件的方案，这样必然会对系统的可靠性鉴定结果产生影响。

第 **4** 章

基于威布尔分布的可靠性鉴定
试验方案设计

4.1 火力系统的故障分布规律

4.1.1 故障分布统计

通过对火炮可靠性鉴定试验数据收集整理,对 6 种类型火炮中火力分系统的故障进行统计,如表 4-1 所示。火力系统发生故障的射弹发数即 C_i,

则故障间隔射弹发数为 $c_i = C_{i+1} - C_i$。

表 4-1　火力系统故障数据

序号	A 炮		B 炮		C 炮		D 炮		E 炮		F 炮	
	C_i	c_i	C_i	c_i	C_i	c_i	C_i	c_i	C_i	c_i	C_i	c_i
1	253		86		49		32		67		32	
2	378	125	412	326	145	96	54	22	172	105	55	23
3	525	147	680	168	234	89	155	101	213	41	102	47
4	573	48	840	160	245	11	327	172	331	122	103	1
5	595	22	890	50			385	58	347	16	182	79
6	737	142	905	15			447	62	377	30	231	49
7			1 058	153			623	176	398	22	236	5
8							647	24	812	414	245	9
9											342	97
10											407	65
11											538	131
12											549	11
13											704	155
14											741	37

将故障间隔射弹发数 c_i 按照从小到大的次序重新排列（表 4-2），用重新排列后的故障间隔射弹发数代替其寿命时间，用中位秩估计累计概率 $F_i = F(c_i)$。

$$F(c_i) = (r_i - 0.3) / (n + 0.4) \qquad (4-1)$$

式中，r_i 为故障数据的顺序编号。

表 4-2　火力系统故障间隔射弹发数与估计的故障概率表

序号	A 炮		B 炮		c 炮		D 炮		E 炮		F 炮	
	c_i	$F(c_i)$	c_i	$F(c_i)$	c_i	$F(c_i)$	c_i	$F(c_i)$	c_i	$F(c_i)$	c_i	$F(c_i)$
1	22	0.129	15	0.109	11	0.205	22	0.094	16	0.094	1	0.052
2	48	0.314	50	0.265	89	0.5	24	0.229	22	0.229	5	0.126

续表

序号	A 炮		B 炮		c 炮		D 炮		E 炮		F 炮	
	c_i	$F(c_i)$	c_i	$F(c_i)$	c_i	$F(c_i)$	c_i	$F(c_i)$	c_i	$F(c_i)$	c_i	$F(c_i)$
3	125	0.5	153	0.421	96	0.794	58	0.364	30	0.364	9	0.201
4	142	0.685	160	0.578			62	0.5	41	0.5	11	0.276
5	147	0.870	168	0.734			101	0.635	105	0.635	23	0.351
6			326	0.890			172	0.770	122	0.770	37	0.425
7							176	0.905	414	0.905	47	0.5
8											49	0.574
9											65	0.649
10											79	0.723
11											97	0.798
12											131	0.873
13											155	0.947

4.1.2　AD 拟合优度检验

常见的拟合优度检验方法有卡方检验 χ^2、Kolmogrov–Smirnov（KS）检验以及 Anderson–Darling（AD）检验。χ^2 检验是最常用、最简单的拟合优度检验方法，但该方法需要对足够多的样本数目进行分组，而且至今还没有一个合适的分组准则来保证较高的准确性。后面两种都是基于经验分布函数的方法，区别就在于所用统计量的不同：KS 检验属于基于上确界统计量的检验方法，AD 检验则属于平方差型统计量检验。KS 检验的性能还有待提高；AD 检验能够在相对较小的样本数目条件下保持良好的检验性能，所以本书主要使用 AD 检验方法进行火力系统故障分布规律的分布检验。

将给定的 N 个样本序列 $x_1, x_2, \cdots, x_N$ 按照升序重新排列为 $x_1' < x_2' < \cdots < x_N'$，则 AD 检验的统计量可以表示为

$$A^2 = N \int_{-\infty}^{+\infty} \frac{[F_n(x) - F(x;\theta)]^2}{F(x;\theta)[1 - F(x;\theta)]} dF(x;\theta) \qquad (4-2)$$

式中，N 为样本序列数目；$F(\cdot)$ 为假设理论分布函数。

工程上一般使用统计量的离散形式：

$$A^2 = -\sum_{i=1}^{N} \frac{2i-1}{N} (\ln(F(x_i')) - \ln(F(x_{n-i+1}')) - n \qquad (4-3)$$

AD 检验结果 A^2 的数值越小，则说明这种分布的拟合效果越好。

分别对火力系统的故障间隔射弹发数使用指数分布、威布尔分布进行拟合优度检验，得到的检验结果如表 4-3 所示。

表 4-3 拟合优度检验结果

火炮类型	指数分布 A_1^2	威布尔分布 A_2^2
A 炮	0.594 1	0.593 6
B 炮	0.408 9	0.389 9
C 炮	—	—
D 炮	0.422 0	0.362 6
E 炮	0.224 0	0.214 9
F 炮	0.490 3	0.396 5

从拟合优度检验结果可以看出，除了 C 炮故障数据太少导致拟合失败外，其余所有类型火炮的基于威布尔分布检验结果均小于指数分布检验结果，因此从表中可以得出结论：火力系统的故障分布规律更加适合于威布尔分布。

4.1.3 火力系统最小二乘法威布尔分布参数估计

威布尔分布的累计分布函数为

$$F(t) = 1 - e^{-\left(\frac{t}{\eta}\right)^m} \qquad (4-4)$$

对上式两边分别求两次对数得到

$$\ln\left(\ln\left(\frac{1}{1-F(t)}\right)\right) = m\ln(t) - m\ln(\eta) \qquad （4-5）$$

令 $y_i = \ln\left(\ln\left(\frac{1}{1-F(t_i)}\right)\right)$，$x_i = \ln(t_i)$，$a = m$，$b = m\ln(\eta)$，则原式变为

$$y_i = ax_i + b \qquad （4-6）$$

我们需要找到这样一组 (a,b)，使 $L = \sum_{i=1}^{n}(y_i' - y_i)^2$ 最小化，y_i' 是使用中

位秩估计得到的 F_i 代入 $\ln\left(\ln\left(\frac{1}{1-F(t_i)}\right)\right)$ 得到的结果。由此处可以看出 L 是

方差和。

$$L = \sum_{i=1}^{n}(y_i' - y_i)^2 = \sum_{i=1}^{n}(y_i' - ax_i - b)^2 \qquad （4-7）$$

式（4-7）是一个二元函数，通过求极值的方法求得其极值点。

通过 MATLAB 求解得到几门火炮的火力系统威布尔分布形状参数取

值，如表 4-4 所示。

表 4-4　火力系统威布尔分布参数取值

火炮类型	形状参数 m
A 炮	1.2
B 炮	0.9
D 炮	1.2
E 炮	1.2
F 炮	1.1

4.2　威布尔分布基本概念

在可靠性工程领域中，威布尔分布应用极为普遍，它适用于各类非典

型电子装备，可以充分描述浴盆曲线的不同情况，而且可以通过转化函数形式简化计算步骤。

许多有关威布尔分布的研究表明，若某系统的局部失效导致整个系统的功能失灵，则这种系统寿命一般服从威布尔分布。尤其是在开展机械金属材料强度理论、疲劳失效的分析过程中，这种分布更适用。

二参数威布尔分布的概率密度函数为

$$f(t) = \frac{m}{\eta}\left(\frac{t}{\eta}\right)^{m-1} \mathrm{e}^{-\left(\frac{t}{\eta}\right)^m} \tag{4-8}$$

式中，m 为形状参数；η 为尺度参数。

累计失效分布函数为

$$F(t) = 1 - \mathrm{e}^{-\left(\frac{t}{\eta}\right)^m} \tag{4-9}$$

可靠度函数为

$$R(t) = 1 - F(t) = \mathrm{e}^{-\left(\frac{t}{\eta}\right)^m} \tag{4-10}$$

失效率函数为

$$\lambda(t) = \frac{f(t)}{R(t)} = \frac{m}{\eta}\left(\frac{t}{\eta}\right)^{m-1} \tag{4-11}$$

威布尔分布是由瑞典物理学家威布尔（W. Weibull）通过对机械结构强度分析得到的一种分布规律，他将机械结构中的某个单一缺陷比作齿条链中某个最弱的连接部位，正是最不稳定部位的强度和寿命导致了整个机械结构强度的降低。他根据这种想法提出了威布尔分布模型，广泛适用于机械结构失效分析过程中。

威布尔模型是研究机械零部件可靠性最适合的模型之一。标准的二参数威布尔分布能够拟合各种类型的寿命数据，当其形状参数分别取特定的数值时，它接近于指数分布、正态分布等分布模型。用威布尔分布可以拟合各种可靠性数据，计算装备的可靠性指标，为故障树分析、可靠性设计、可靠性预计与分配等工作提供统计学依据。

　　威布尔分布的特性主要取决于两个参数：形状参数和尺度参数。形状参数决定了威布尔分布曲线的形状。图 4–1 表示形状参数对失效概率密度函数的影响。可以看出，不同的形状参数导致了曲线形状的差异。当 $m=1$ 时，曲线为指数分布；当 $m=2$ 时，曲线接近瑞利分布；当 m 取值在 3～4 时，曲线接近于正态分布。

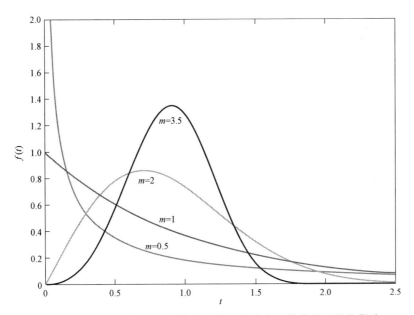

图 4–1　当 $\eta=1$ 时，m 对威布尔分布概率密度函数曲线形状的影响

4.3　典型装备的威布尔分布形状参数取值

　　当前，很多研究表明，威布尔分布的形状参数可以通过大量的实验数据进行分布拟合进而得到其近似值。本书通过大量的调研及文献查阅，总结概括了各类型装备寿命服从威布尔分布的形状参数取值结果，如表 4–5～表 4–9 所示。

表4-5 零部件类装备的威布尔分布形状参数范围

零部件	下限	典型值	上限
球轴承	0.7	1.3	3.5
滚珠轴承	0.7	1.3	3.5
套筒轴承	0.7	1	3
传动皮带	0.5	1.2	2.8
液压波纹管	0.5	1.3	3
螺栓	0.5	3	10
摩擦离合器	0.5	1.4	3
磁性离合器	0.8	1	1.6
联轴器	0.8	2	6
齿轮联轴器	0.8	2.5	4
液压缸	1	2	3.8
金属膜片	0.5	3	6
橡胶膜片	0.5	1.1	1.4
液压垫	0.5	1.1	1.4
机油滤清器	0.5	1.1	1.4
齿轮	0.5	2	6
叶轮泵	0.5	2.5	6
机械接头	0.5	1.2	6
支点刀刃	0.5	1	6
螺母	0.5	1.1	1.4
销	0.5	1.4	5
发动机活塞	0.5	1.4	3
弹簧	0.5	1.1	3
减震器	0.5	1.1	2.2
阀门	0.5	1.4	4
泵轴	0.8	1.2	3

表 4-6　机器设备类装备的威布尔分布形状参数范围

机器设备	下限	典型值	上限
断路器	0.5	1.5	3
离心式压缩机	0.5	1.9	3
压缩机静叶片	0.5	2.5	3
压缩机动叶片	0.5	3	4
膜片联轴器	0.5	2	4
燃气涡轮叶片	0.9	1.6	2.7
交流电动机	0.5	1.2	3
直流电动机	0.5	1.2	3
离心泵	0.5	1.2	3
汽轮机	0.5	1.7	3
汽轮机静叶片	0.5	2.5	3
汽轮机动叶片	0.5	3	3
变压器	0.5	1.1	3

表 4-7　仪器仪表类装备的威布尔分布形状参数范围

仪器仪表	下限	典型值	上限
气动调节器	0.5	1.1	2
固态控制器	0.5	0.7	1.1
控制阀	0.5	1	2
电动阀	0.5	1.1	3
电磁阀	0.5	1.1	3
传感器	0.9	1	3
发射器	0.5	1	2
温度指示器	0.5	1	2
压力指示器	0.5	1.2	3
流量仪表	0.5	1	3
水平仪	0.5	1	3
机电配件	0.5	1	3

表 4-8　静设备类装备的威布尔分布形状参数范围

静设备	下限	典型值	上限
冷凝锅炉	0.5	1.2	3
压力容器	0.5	1.5	6
过滤阀	0.5	1	3
止回阀	0.5	1	3

表 4-9　液体类的威布尔分布形状参数范围

液体	下限	典型值	上限
冷却液	0.5	1.1	2
压缩螺杆润滑剂	0.5	1.1	3
矿物润滑油	0.5	1.1	3
合成润滑油	0.5	1.1	3
润滑脂	0.5	1.1	3

　　上述表中描述的数据非常普遍，通常都是在工程参考中收集的，所以各类装备的形状参数范围非常大。给出的典型值则是在一个特定的情况下所获得的数据。

　　因而，在实际工程中，若能获得当前装备或类似装备的故障数据，则可运用参数估计方法对形状参数进行估计确定；若无相关试验数据，则可参考威布尔分布形状参数数据库（表 4-5～表 4-9），并结合当前装备实际，对形状参数的取值作出假定。

4.4　威布尔分布火炮可修系统定时截尾试验设计

　　对可修系统的可靠性问题，大部分生产方及使用方在装备设计定型与交付阶段都会进行可靠性鉴定试验。他们通常会参照美军手册 MIL-HDBK-781

或我国 GJB 899A—2009 开展工作，但这两个标准主要适用于指数分布装备，对服从其他分布的装备直接套用其试验方案是不合理的。因此，本节主要研究基于故障间隔时间服从威布尔分布时的可修装备定时截尾试验方案的设计方法。当试验依据已确定时，通过该可修系统定时截尾试验方案设计方法可得到样本量、试验时间、判别数等。

4.4.1　方案设计

假设装备寿命服从二参数威布尔分布模型，则装备的不可靠度为

$$F(t)=1-\mathrm{e}^{-\left(\frac{t}{\eta}\right)^{m}} \tag{4-12}$$

式中，m 为形状参数；η 为尺度参数。

令 $\lambda=\dfrac{1}{\eta^{m}}$，可将上式转化为

$$F(t)=1-\mathrm{e}^{-(\lambda t^{m})} \tag{4-13}$$

令 $x=t^{m}$，则随机变量 x 服从指数分布，故障率为 λ。若已知样本量为 n，那么在 $(0,x_0)$ 时刻截尾能够产生 i 次故障的概率为

$$Pr(N(x_0)=i)=\frac{(n\lambda x_0)^{i}}{i!}\mathrm{e}^{-n\lambda x_0},i=0,1,2 \tag{4-14}$$

即在 $(0,x_0)$ 内发生的总故障数 r 小于等于允许故障数 c 的接受概率为

$$L(\theta)=Pr(r\leqslant c)=\sum_{r=0}^{c}\frac{(n\lambda x_0)^{i}}{i!}\mathrm{e}^{-n\lambda x_0} \tag{4-15}$$

由威布尔分布模型的点估计公式 $\theta=\eta\varGamma\left(1+\dfrac{1}{m}\right)$ 和 $\lambda=\dfrac{1}{\eta^{m}}$ 可得

$$\lambda=\left(\frac{\varGamma\left(1+\dfrac{1}{m}\right)}{\theta}\right)^{m} \tag{4-16}$$

根据装备抽样特性曲线，$L(\theta_0)=1-\alpha$，$L(\theta_1)=\beta$，可得方程组

$$\begin{cases} 1-\alpha = \sum_{i=0}^{c} \dfrac{\left(nx_0\left(\dfrac{\Gamma\left(1+\dfrac{1}{m}\right)}{\theta_0}\right)^m\right)^i}{i!} \mathrm{e}^{-nx_0\left(\frac{\Gamma\left(1+\frac{1}{m}\right)}{\theta_0}\right)^m} \\[30pt] \beta = \sum_{i=0}^{c} \dfrac{\left(nx_0\left(\dfrac{\Gamma\left(1+\dfrac{1}{m}\right)}{\theta_1}\right)^m\right)^i}{i!} \mathrm{e}^{-nx_0\left(\frac{\Gamma\left(1+\frac{1}{m}\right)}{\theta_1}\right)^m} \end{cases} \qquad (4-17)$$

由泊松过程的统计推断，可得

$$\begin{cases} 2nx_0\left(\dfrac{\Gamma\left(1+\dfrac{1}{m}\right)}{\theta_0}\right)^m = \chi_{1-\alpha}^2(2c+2) \\[30pt] 2nx_0\left(\dfrac{\Gamma\left(1+\dfrac{1}{m}\right)}{\theta_1}\right)^m = \chi_{\beta}^2(2c+2) \end{cases} \qquad (4-18)$$

式中，$\chi_{1-\alpha}^2(2c+2)$、$\chi_{\beta}^2(2c+2)$ 分别为自由度为 $2c+2$ 的 χ^2 分布的上 $1-\alpha$ 和 β 分位点。根据式（4-18）可得到

$$d^m = \frac{\chi_{\beta}^2(2c+2)}{\chi_{1-\alpha}^2(2c+2)} \qquad (4-19)$$

式中，α 和 β 分别为生产方风险和使用方风险；d 为鉴别比；m 为威布尔分布的形状参数；c 为允许故障数。

记可修系统在时间区间 $[0,t]$ 内累计失效次数为 $N(t)$，其数学期望记为 $E(N(t))$，则其失效次数 $N(t)$ 服从参数为 $E(N(t))$ 的非齐次泊松过程。因此，n 个装备在 $[0,t]$ 时间区间内产生的故障数 r 小于等于允许故障数 c，得到的接受概率可表示为

$$L(\theta) = Pr(r \leqslant c) = \sum_{r=0}^{c} \frac{(nE(N(t)))^i}{i!} \mathrm{e}^{-nE(N(t))} \qquad (4-20)$$

即

$$E(N(t)) = \frac{1}{2n} \chi^2_{L(\theta)}(2c+2) \quad\quad (4-21)$$

对于故障间隔时间服从威布尔分布模型，其累计实效次数数学期望为

$$E(N(t)) \approx \frac{t}{\theta} + \frac{\sigma^2 - \theta^2}{2\theta^2} \quad\quad (4-22)$$

式中，θ 为故障间隔时间的期望；σ^2 为故障间隔时间的方差。

由威布尔分布的期望 $\theta = \eta\Gamma\left(1+\frac{1}{m}\right)$ 和方差 $\sigma^2 = \eta^2\left[\Gamma\left(1+\frac{2}{m}\right) - \Gamma^2\left(1+\frac{1}{m}\right)\right]$ 可得

$$E(N(t)) = \frac{t}{\theta} + \frac{\Gamma\left(1+\frac{2}{m}\right)}{2\Gamma^2\left(1+\frac{1}{m}\right)} - 1 \quad\quad (4-23)$$

则根据式（4-21）和式（4-23）可得到

$$t = \left(\frac{\chi^2_{L(\theta)}(2c+2)}{2n} + 1 - \frac{\Gamma\left(1+\frac{2}{m}\right)}{2\Gamma^2\left(1+\frac{1}{m}\right)}\right)\theta \quad\quad (4-24)$$

结合装备的抽样特性曲线，$L(\theta_0) = 1-\alpha$，$L(\theta_1) = \beta$，有

$$\begin{cases} t = \left(\dfrac{\chi^2_{1-\alpha}(2c+2)}{2n} + 1 - \dfrac{\Gamma\left(1+\frac{2}{m}\right)}{2\Gamma^2\left(1+\frac{1}{m}\right)}\right)\theta_0 \\[4mm] t = \left(\dfrac{\chi^2_{\beta}(2c+2)}{2n} + 1 - \dfrac{\Gamma\left(1+\frac{2}{m}\right)}{2\Gamma^2\left(1+\frac{1}{m}\right)}\right)\theta_1 \end{cases} \quad\quad (4-25)$$

为了减少误差，取其均值，即试验截止时间为

$$
t = \left(\frac{d \times \chi_{1-\alpha}^2(2c+2) + \chi_{\beta}^2(2c+2)}{4n} + \left(\frac{d+1}{2} \right) \left(1 - \frac{\Gamma\left(1+\dfrac{2}{m}\right)}{2\Gamma^2\left(1+\dfrac{1}{m}\right)} \right) \right) \theta_1
$$

$$(4-26)$$

可得到定时截尾试验设计的方程组为

$$
\begin{cases}
d^m = \dfrac{\chi_{\beta}^2(2c+2)}{\chi_{1-\alpha}^2(2c+2)} & (4-27) \\[4mm]
t = \left(\dfrac{d \times \chi_{1-\alpha}^2(2c+2) + \chi_{\beta}^2(2c+2)}{4n} + \left(\dfrac{d+1}{2} \right) \left(1 - \dfrac{\Gamma\left(1+\dfrac{2}{m}\right)}{2\Gamma^2\left(1+\dfrac{1}{m}\right)} \right) \right) \theta_1 & (4-28)
\end{cases}
$$

式中，α 和 β 分别为生产方风险和使用方风险；d 为鉴别比；θ_1 为被检验指标下限；m 为威布尔分布的形状参数；n 为样本量；c 为允许故障数；t 为试验截止时间。

式（4-26）～式（4-28）中，α、β、d 和 θ_1 是试验设计前事先给定的，m 可根据前代装备的试验情况或结合当前装备进行预估。这 5 个参数是已知的，用来求解其余的 3 个试验方案参数：样本量 n、试验时间 t 以及判断故障数 c。

式（4-27）和式（4-28）有两个等式要求解 3 个未知数，属于超越方程无法求解。然而一旦样本量 n 被确定，则上面方程组不再是超越方程，可以求解 c 和 t。

在进行可靠性鉴定试验时，样本量的大小必须由生产方和使用方共同确定。对于样本数量 n，GJB 899A—2009 中指出：可靠性鉴定试验过程中，在总体样本中必须有至少两个样品需进行试验。建议在条件允许的情况下，样本量为该批装备总体的 10%，但不可以大于 20 个样本，只有在特定的条件下可以引用全数试验。

4.4.2　计算方法

式（4-27）和式（4-28）求解非常复杂，无法通过方程组直接求解两个未知参数。本书采用以下计算方式：根据式（4-27）计算 $c = 0, 1, 2, \cdots$ 时 $\dfrac{\chi_\beta^2(2c+2)}{\chi_{1-\alpha}^2(2c+2)}$ 的不同结果，与给定的 d^m 比较，选取最接近的 c；根据选取的 c 代入式（4-28）计算得到时间 t。具体计算步骤如下。

（1）假定允许故障数的初始值 $c = 0$。

（2）把允许故障数 c 和试验设计前给定的形状参数 m、生产方风险 α、使用方风险 β 代入式（4-27）计算得到实际上的鉴别比 d'，转入步骤（3）。

（3）如果鉴别比的实际值 d' 大于给定的 d，把允许的故障数 c 的值加 1，转入步骤（2）；如果鉴别比的实际值 d' 不大于给定的 d，转入步骤（4）。

（4）停止迭代，选取 d' 最接近 d 时的允许故障数 c。

（5）把选取的 c、生产方风险 α、使用方风险 β、MTBF 检验下限 θ_1、形状参数 m、样本量 n 代入式（4-28），计算得到试验截止时间 t（总试验时间 $T = nt$）。

示例：已知某装备的故障数据服从威布尔分布，且形状参数 $m = 1.2$，MTBF 的检验下限为 $\theta_1 = 500 \text{ h}$，鉴别比 $d = 1.5$，$\alpha = \beta = 20\%$，样本数量 $n = 8$，试确定该装备的试验统计方案。

求解过程：按照已知条件，式（4-27）和式（4-28）可转化为

$$d^{1.2} = \frac{\chi_{0.2}^2(2c+2)}{\chi_{1-0.2}^2(2c+2)} \qquad (4-29)$$

$$t = \left(\frac{d \times \chi_{1-0.2}^2(2c+2) + \chi_{0.2}^2(2c+2)}{4 \times 8} + 0.187\,2 \right) \theta_1 \qquad (4-30)$$

根据式（4-29）可计算不同允许故障数 c 下的 d'，如表 4-10 所示。

表 4-10　不同允许故障数 c 下对应的 d'

c	0	1	2	3	4	5	6	7
d'	5.188 9	2.929 6	2.349 7	2.075 0	1.911 1	1.800 5	1.720 1	1.658 5
c	8	9	10	11	12	13	14	15
d'	1.609 5	1.569 4	1.535 9	1.507 3	1.482 6	1.461 1	1.442 0	1.425 0

从表 4-10 中可以看出，当 $c=11$ 时，$d'=1.507\,3$ 最接近 $d=1.5$，因此选取允许故障数为 $c=11$。

将 $c=11$ 代入式（4-30）可得 $t=1.957\,4\theta_1=979\,\text{h}$。即对 8 个抽样的样本进行试验截尾时间为 979 h 的试验，若故障数 $r \leqslant c=11$，则认为该批装备的可靠性水平达到要求，接受该装备。

4.4.3　试验流程

1. 确定统计试验方案参数

由生产方和使用方共同协商确定生产方风险 α、使用方风险 β、MTBF 检验下限 θ_1 和检验上限 θ_0 或鉴别比 d。依据 GJB 899A—2009，生产方风险 α 和使用方风险 β 通常取 10%，20% 或 30%，且两类风险尽可能接近；通常情况下，MTBF 的检验下限 θ_1 应取为装备的最低可接受值，但 MTBF 的检验上限 θ_0 不是取决于规定值，而应参照规定值选取；鉴别比 d 通常选择的是 1.5，2.0，3.0。

2. 确定威布尔分布的形状参数

在实际工程中，若能获得当前装备或类似装备的故障数据，则可运用参数估计方法对形状参数 m 进行估计确定；若无相关试验数据，则可参考威布尔分布形状参数数据库（表 4-5～表 4-9），并结合当前装备实际，对形状参数的取值作出假定。

3. 建立试验方案中设计方程式并求解

拟给定不同的样本数量 n，依据本章方案中式（4-27）和式（4-28）计算得到相应的允许故障数 c 和试验截止时间 t。

4. 权衡选择最优方案

综合权衡经费、进度、装备的重要程度和成熟程度等要求，从中选出最优的统计试验方案。

4.5　威布尔分布统计试验方案表

从火力系统威布尔分布参数取值可以看出，目前已有火炮的火力系统故障分布的威布尔形状参数取值大概为 0.9～1.3，因此分别取 $m=0.9$，1.0，1.1，1.2，1.3 设计威布尔分布统计试验方案表。

（1）形状参数 $m=0.9$，样本数量 $n=2$ 时，标准定时截尾试验统计方案和短时高效定时截尾试验统计方案如表 4-11 和表 4-12 所示。

表 4-11　标准定时截尾试验统计方案（$m=0.9$，$n=2$）

方案号	决策风险/%		鉴别比 $d=\dfrac{\theta_0}{\theta_1}$	试验时间（θ_1 的倍数）	判决故障数	
	α	β			拒收数（$\geqslant$）Re	接收数（$\leqslant$）Ac
1	10	10	1.5	60.2	50	49
2	10	20	1.5	40.4	35	34
3	20	20	1.5	26.1	22	21
4	10	10	2.0	22.8	17	16
5	10	20	2.0	14.9	12	11
6	20	20	2.0	10.3	8	7
7	10	10	3.0	10.6	7	6
8	10	20	3.0	6.5	5	4
9	20	20	3.0	4.0	3	2

表4-12 短时高风险定时截尾试验统计方案（$m=0.9$，$n=2$）

方案号	决策风险/%		鉴别比 $d=\dfrac{\theta_0}{\theta_1}$	试验时间（θ_1的倍数）	判决故障数	
	α	β			拒收数（$\geqslant$）Re	接收数（$\leqslant$）Ac
10	30	30	1.5	10.3	9	8
11	30	30	2.0	3.4	3	2
12	30	30	3.0	2.4	2	1

（2）形状参数 $m=1$，样本数量 $n=2$ 时，威布尔分布退化为指数分布，标准定时截尾试验统计方案和短时高风险定时截尾试验统计方案如表 4-13 和表 4-14 所示。

表4-13 标准定时截尾试验统计方案（$m=1$，$n=2$）

方案号	决策风险/%		鉴别比 $d=\dfrac{\theta_0}{\theta_1}$	试验时间（θ_1的倍数）	判决故障数	
	α	β			拒收数（$\geqslant$）Re	接收数（$\leqslant$）Ac
1	10	10	1.5	45.0	37	36
2	10	20	1.5	29.9	26	25
3	20	20	1.5	21.5	18	17
4	10	10	2.0	18.8	14	13
5	10	20	2.0	12.4	10	9
6	20	20	2.0	7.8	6	5
7	10	10	3.0	9.3	6	5
8	10	20	3.0	5.4	4	3
9	20	20	3.0	4.3	3	2

表4-14 短时高风险定时截尾试验统计方案（$m=1$，$n=2$）

方案号	决策风险/%		鉴别比 $d=\dfrac{\theta_0}{\theta_1}$	试验时间（θ_1的倍数）	判决故障数	
	α	β			拒收数（$\geqslant$）Re	接收数（$\leqslant$）Ac
10	30	30	1.5	8.1	7	6
11	30	30	2.0	3.7	3	2
12	30	30	3.0	1.1	1	0

（3）形状参数 $m=1.1$，样本数量 $n=2$ 时，标准定时截尾试验统计方案和短时高风险定时截尾试验统计方案如表 4-15 和表 4-16 所示。

表 4-15　标准定时截尾试验统计方案（$m=1.1$，$n=2$）

方案号	决策风险/%		鉴别比 $d=\dfrac{\theta_0}{\theta_1}$	试验时间（θ_1 的倍数）	判决故障数	
	α	β			拒收数（≥）Re	接收数（≤）Ac
1	10	10	1.5	39.9	33	32
2	10	20	1.5	27.7	24	23
3	20	20	1.5	18.0	15	14
4	10	10	2.0	16.4	12	11
5	10	20	2.0	11.4	9	8
6	20	20	2.0	6.7	5	4
7	10	10	3.0	7.9	5	4
8	10	20	3.0	5.7	4	3
9	20	20	3.0	3.1	2	1

表 4-16　短时高风险定时截尾试验统计方案（$m=1.1$，$n=2$）

方案号	决策风险/%		鉴别比 $d=\dfrac{\theta_0}{\theta_1}$	试验时间（θ_1 的倍数）	判决故障数	
	α	β			拒收数（≥）Re	接收数（≤）Ac
10	30	30	1.5	7.1	6	5
11	30	30	2.0	2.6	2	1
12	30	30	3.0	1.5	1	0

（4）形状参数 $m=1.2$，样本数量 $n=2$ 时，标准定时截尾试验统计方案和短时高风险定时截尾试验统计方案如表 4-17 和表 4-18 所示。

表 4-17 标准定时截尾试验统计方案（$m=1.2$，$n=2$）

方案号	决策风险/%		鉴别比 $d=\dfrac{\theta_0}{\theta_1}$	试验时间（θ_1 的倍数）	判决故障数	
	α	β			拒收数（≥）Re	接收数（≤）Ac
1	10	10	1.5	33.9	28	27
2	10	20	1.5	23.1	20	19
3	20	20	1.5	14.5	12	11
4	10	10	2.0	13.7	10	9
5	10	20	2.0	8.8	7	6
6	20	20	2.0	5.5	4	3
7	10	10	3.0	6.5	4	3
8	10	20	3.0	4.4	3	2
9	20	20	3.0	3.3	2	1

表 4-18 短时高风险定时截尾试验统计方案（$m=1.2$，$n=2$）

方案号	决策风险/%		鉴别比 $d=\dfrac{\theta_0}{\theta_1}$	试验时间（θ_1 的倍数）	判决故障数	
	α	β			拒收数（≥）Re	接收数（≤）Ac
10	30	30	1.5	6.0	5	4
11	30	30	2.0	2.7	2	1
12	30	30	3.0	1.7	1	0

（5）形状参数 $m=1.3$，样本数量 $n=2$ 时，标准定时截尾试验统计方案和短时高风险定时截尾试验统计方案如表 4-19 和表 4-20 所示。

表 4-19 标准定时截尾试验统计方案（$m=1.3$，$n=2$）

方案号	决策风险/%		鉴别比 $d=\dfrac{\theta_0}{\theta_1}$	试验时间（θ_1 的倍数）	判决故障数	
	α	β			拒收数（≥）Re	接收数（≤）Ac
1	10	10	1.5	29.2	24	23
2	10	20	1.5	19.6	17	16

方案号	决策风险/%		鉴别比 $d = \dfrac{\theta_0}{\theta_1}$	试验时间 （θ_1 的倍数）	判决故障数	
	α	β			拒收数（≥）Re	接收数（≤）Ac
3	20	20	1.5	13.4	11	10
4	10	10	2.0	11.1	8	7
5	10	20	2.0	7.7	6	5
6	20	20	2.0	5.6	4	3
7	10	10	3.0	6.7	4	3
8	10	20	3.0	4.6	3	2
9	20	20	3.0	3.5	2	1

表 4–20　短时高风险定时截尾试验统计方案（$m=1.3$，$n=2$）

方案号	决策风险/%		鉴别比 $d = \dfrac{\theta_0}{\theta_1}$	试验时间 （θ_1 的倍数）	判决故障数	
	α	β			拒收数（≥）Re	接收数（≤）Ac
10	30	30	1.5	4.9	4	3
11	30	30	2.0	2.9	2	1
12	30	30	3.0	1.9	1	0

4.6　基于威布尔分布的 E 型火炮火力系统可靠性鉴定试验统计方案

根据 E 型火炮研制总要求，火力系统可靠性指标要求：平均故障间隔发射弹数不小于 120 发。

（1）选取统计参数为 $\alpha = \beta = 20\%$，$d = 2.0$，$n = 2$，则根据 E 型火炮的威布尔分布参数拟合值为 1.2，选取表 4–17 标准定时截尾试验统计方案的方案 6，则总的射弹发数为 $5.5 \times 120 = 660$ 发。

（2）选择同样的统计参数，基于指数分布的可靠性鉴定试验应该按照 GJB 899A—2009 中表 A.6 的试验统计方案，则总的射弹发数为 7.8×120=936 发。

因此，从用弹量上考虑，E 型火炮火力系统可靠性鉴定试验统计方案如果采取基于威布尔分布假设，相比较于指数分布假设的统计方案，试验用弹量能够减少 30%，可以提高试验效率。

第 **5** 章

可靠性鉴定试验综合设计技术研究

试验设计是武器装备试验与鉴定中至关重要的问题，关系到试验的成败以及评估结果的准确与否。基于失效物理的性能可靠性技术是以装备失效的宏观表象特征和微观过程为依据，构建装备的性能退化模型，设计最优化可靠性试验，综合利用台架和仿真试验中的性能退化数据以及其他可靠性相关信息对装备进行可靠性建模和统计推断的技术。

本章主要围绕可靠性鉴定试验方案设计，基于装备不同分系统的结构特性分析，综合考虑试验故障寿命、部件性能退化等数据，基于失效物理的性能退化数据建模技术，研究探索一种基于性能退化与故障寿命数据融合的火炮可靠性鉴定试验技术。

5.1 性能退化基本概念

5.1.1 退化失效的讨论

从装备失效的形式来看，失效分为突发型失效与退化型失效两种。从装备的失效机理来看，可以分为过应力型失效机理和损耗型失效机理。过应力型失效机理，即当应力超过装备所能承受的强度时装备就会发生失效，如果应力低于装备的强度，该应力不会对装备造成影响；损耗型失效机理，不论是否导致装备失效，应力都会对该装备造成一定的损伤且损伤会逐渐累积，而此损伤的累积可能会导致装备功能逐渐退化，或者内部材料、机构等抗应力的某种性能发生退化，当这种性能或者功能退化到一定程度时，装备即发生失效。因此，一般应力型失效机理导致的失效是突发失效，如机构碎裂、弹性变形等；而耗损型失效机理导致的失效可能是突发失效也可能是退化失效。火炮系统由于应力的作用造成的损伤受不同因素的影响：装备的外形、结构，材料的构成与损伤特性，装备生产过程以及装备工作环境等。性能退化的过程也有不同的形式，如摩擦磨损、疲劳、腐蚀、扩散失效等。在装备的失效中，损耗型失效机理造成的失效占绝大部分。

对突发型失效的装备，其规定功能通常是装备的某种属性，因而只有两种状态，即装备具有某种功能或装备不具有某种功能。若将装备具有该功能的状态记为 1，不具有该功能的状态记为 0，则装备功能随时间推移所产生的变化可用图 5-1 表示，图中从 0 到 T 这段时

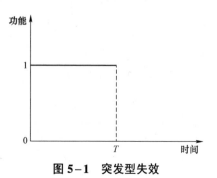

图 5-1 突发型失效

间装备功能处于 1 状态，而 T 时刻突然瞬间转到 0 状态，即装备在 T 时刻发生突发的失效。显然，时间 T 即装备的寿命或失效时间。

　　与突发型失效装备不同，退化型失效装备的功能无法用只有两种状态的属性变量来描述，而需用装备的某个计量特性指标来表示，这个特性指标值的大小反映装备功能的高低状态，并且该特性指标值随装备工作或储存时间的延长而缓慢地发生变化。在大多数实际问题中，表示装备功能的特性指标值的变化趋势总是单调上升或单调下降，这种现象也反映了退化过程的不可逆转性。由于装备的上述特性指标值无论是上升变化还是下降变化，它表示的总是装备功能的下降，因此将反映装备功能下降的特性指标值称为退化量。随着使用时间的增加，装备功能逐渐退化，当退化量达到或超过某一个量时，装备的功能将不再能满足工程需求，即发生退化失效。判断发生退化失效与否的该值称为退化失效临界值，或称退化失效标准，或称退化失效阈值。退化失效阈值可能是一个确定值，也可能是一个随机变量，它由实际工程问题决定，工程中大部分的失效阈值是固定值。

图 5-2 给出了固定失效阈值下退化型失效的示意图，在 $[0, T_f]$ 中，装备的退化量低于失效标准 f 即装备处于正常工作状态。在 $[T_f, \infty]$ 中，装备的退化量高于失效标准 f，装备功能不再满足要求，故装备已失效，T_f 是相对于失效标准厂的失效时间（或寿命）。

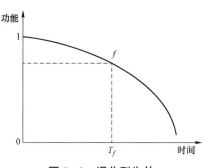

图 5-2　退化型失效

　　综上所述，突发型失效装备在失效以前功能保持不变，或基本保持不变，而失效以后功能完全丧失。退化型失效装备在失效以前功能就在不断下降，并且发生退化失效与否是相对于失效标准而言的。另外，这里将装备的失效分成突发型失效与退化型失效，主要是针对元器件装备，对于整机系统的装备，其元器件可以是突发型失效装备，也可以是退化型失效装备，因此整机系统的失效形式可以是突发型失效与退化型失效的混合竞争型失效。如供输弹系统电气部分的失效，大多为突发型失效，火炮炮闩系统的失效为退化型失效，而火炮机电系统的失效形式则是两种失效的竞争结果。

5.1.2　性能退化基本概念

1. 退化

退化是能够引起受试装备性能发生变化的一种物理或化学过程，这一变化随着时间逐渐发展，最终导致装备失效。装备性能参数随测试时间退化的数据，称为退化数据。退化数据通常表现为时间的函数。在退化试验中，一般在若干个时间点对装备的退化量进行测量，由于对退化量的测量通常有非破坏性测量和破坏性测量两种情况，因此退化数据可以分为两类：

（1）非破坏性的连续测量退化数据，如电阻器的阻值、激光器的光强、金属疲劳引起的磨损量、金属裂缝的长度等。

（2）破坏性的一次测量退化数据，如绝缘材料的击穿电压等。

2. 退化数据及其基本结构

若在装备总体中随机抽取 m 个样品，通过退化试验可取得退化数据。在退化试验中，一般在若干个时间点，按时间顺序对装备的退化量进行测量并记录，获得具有如下形式的退化数据：

$$\{y_{at}; a \in A, t \in T\}$$

式中，A 表示样品序号，T 表示时间。退化量的测量分为非破坏性连续测量和破坏性测量两种情况，而这两种情况下取得的退化数据存在重要差异，因而在数据模型和统计分析方面都有很大的不同。

在非破坏性顺序依次测量情况下，对第 i $(i=1,2,\cdots,m)$ 个样品分别在 $t_{i1} < t_{i2} < \cdots < t_{ij}$ 时刻进行 n_j 次测量，则退化数据为

$$\{y_{ij}; i=1,2,\cdots,m, j=1,2,\cdots,n_j\}$$

在破坏性测量情况下，一个装备只能测量一次，测量之后即退出试验。设共有 N 个样品参加试验，计划在 $t_1 < t_2 < \cdots < t_n$ 时刻进行测量，一般把 N 个样品分为 n 组，各组样品数分别为 $m_1, m_2, \cdots, m_n$，在 t_1 时刻拿出第一组 m_1 个样品进行破坏性测量，数据记录为 $y_{11}, y_{12}, \cdots, y_{1m_1}$，对 $t_2, \cdots, t_n$ 可进行类似测量，则退化数据为

$$\{y_{ij}; i = 1, 2, \cdots, n, j = 1, 2, \cdots, m_i\}$$

3. 退化数据的优点

在退化试验中，要预先指定退化水平，获得在不同时刻的退化量，定义当一个试验单元的退化量超过一个阈值水平时装备失效。这样，这些退化量可以提供一些用来估计可靠性的有用信息。使用退化数据取代失效时间数据进行可靠性的寿命评估，具有以下优点：

（1）对很多装备而言，退化是其一种自然属性，无论是否出现失效，都可以对其性能数据进行监测得到退化数据。

（2）退化数据可以应用在只有少数或零失效的情况下，能够提供比失效时间数据更多的信息（减少了失效时间数据丢失的信息）；退化数据可以比极少失效或零失效的加速寿命试验得到更加精确的寿命估计。也就是说，对于零失效的装备，利用退化数据也可以得到有用的可靠性推论。

（3）退化过程有助于发现退化和应力之间的机理模型。

4. 退化参数的选取

为了判断装备的退化失效情况，对装备的可靠性进行评估分析，通常要选择该装备的几项主要技术性能指标作为性能退化参数，当这几项技术性能指标中的一项或几项超出装备设计任务书规定的范围（失效阈值）时，则该装备出现退化失效。为了正确地掌握性能状态和对失效做出判断，就应当正确选择与部件相适应的性能指标参数。选取的性能参数指标应满足以下条件：

（1）具有明确的物理意义或化学意义。

（2）能够对退化的时间特性进行预测。

（3）对缺陷的检测灵敏度高。

（4）易于测量且又稳定。

（5）对退化数据能做统计处理。

（6）伴随着装备工作时间或者试验时间的增长，性能退化参数应有明显的趋势性变化，能较为客观地反映出装备的工作状态。

（7）在实际应用上能为火炮装备的设计提供信息。

5.1.3 装备性能退化建模方法

武器装备在服役过程中，部分性能指标是随着时间的推移而缓慢下降（上升）的，这种现象可以称为装备性能退化。装备能完成规定或者预定的任务是由其性能参数表征的，任何环境参数和内在特性发生变化也都将体现在装备的性能参数上，因此装备的性能参数是动态变化的。

装备性能退化评估技术在提高装备的可靠性、缩短停机维护时间、实现装备的智能维护方面有着重要意义。综合分析国内外机械设备性能退化评估（预测）理论和方法，可以将对装备性能退化数据的分析方法分为两种，一种是从分析失效机理入手，依据具体的物理或者化学反应规律来建立基于失效物理的退化模型，称为失效物理建模方法；另一种是不考虑装备内部的退化失效机制，直接对装备的性能测试数据和状态监测数据进行分析，从中挖掘出隐含的性能状态信息和性能演变规律，称为数据驱动建模方法。其中第二种方法还可以分为两类，一类是将装备性能退化量或者其他退化敏感参数作为时间的函数，进行数据分析并获得退化轨迹模型，称为直接建模方法；另一类是基于随机过程的方法，采用随机过程来描述装备的退化规律。这些方法在国内外都有较为充分的研究，下面将详细论述。

1. 基于失效物理建模方法的性能退化计算

目前的研究对于基于失效物理的建模方法有着较多的关注。该建模方法依托装备的失效机理分析，推导装备性能退化或者失效的物理化学过程，构建装备可靠性与失效退化量之间的联系，并在此基础上进行装备状态评估和可靠性统计推断。当前基于失效物理建模的研究中，应用较为广泛的模型有反应论模型和累积损伤模型。

（1）反应论模型是基于装备内部材料发生的物理、化学反应过程推导而来的，如材料的腐蚀、氧化等。

（2）累积损伤模型则是考虑到装备内部材料在外力作用下受到的损伤，当损伤累积到一定程度时就会发生失效。

2. 基于数据驱动建模方法的性能退化计算

基于数据驱动的退化评估和预测以采集的数据为基础，通过各种数据分析方法挖掘其中的隐含信息并进行评估，一般不需要或者只需要少量对象系统的先验知识（数字模型等）。这种研究方法通常可以分为两大类：基于统计理论的方法和基于智能算法的方法。基于统计理论的方法主要是依据对象系统的历史数据建立各个性能变化参数与使用时间（次数）之间的关系，分析评估其退化趋势。目前基于统计理论的方法又可以分为退化轨迹方法和随机过程方法，下面对这两种方法进行探讨。

（1）退化轨迹方法常用线性回归模型或者非线性回归模型来描述退化量随时间的变化，然后进行退化轨迹建模。根据性能退化的函数形式，退化轨迹可以分为线型、凸型和凹型三种形式，若退化过程为直线型递增形式，则表示退化率恒定；凹型轨迹模型表示退化率随时间的增加逐渐增加，而凸型轨迹模型表示退化率随时间的增加而递减。

（2）装备性能退化是在外力的不断作用下内部材料逐渐劣化的结果，由于环境因素、外部载荷和内部构成的随机性，装备在某一时刻的性能退化量也是随机分布的。因此，越来越多的学者倾向于利用随机过程来描述装备的性能退化。常用的随机过程有 Markov 过程、Wiener 过程、Gamma 过程等。由于 Wiener 过程具有不严格单调的特性，因此适用于具有波动单调特性的性能退化过程建模，从而可以描述多种装备的多种退化过程；而

Gamma 过程是非负、严格单调的随机过程，它可以很好地描述退化增量单调变化的演化过程。

5.2 基于失效物理的性能退化建模技术

利用基于失效物理的性能可靠性技术开展可靠性建模工作面临诸多挑战，主要体现在：典型的基于失效物理的退化模型过于简单且缺少一般性，对多随机因素导致的装备个体差异性和随机测量误差的异方差性等无法进行有效描述；缺少系统的模型参数估计方法；缺少基于失效物理退化模型的寿命分布建模方法。为了解决上述可靠性工程实际中的难题，本节对基于失效物理的性能退化建模技术展开研究，提出一种基于失效物理的一般化的性能退化模型，并给出典型模型的参数估计方法以及基于性能退化模型进行统计推断的寿命分布建模方法，为基于性能退化的可靠性试验设计与可靠性评估奠定理论基础。

为了掌握装备的可靠性相关特征，给装备寿命周期内的各项决策工作提供信息支持，必须对装备进行可靠性评估。然而，对于新型火炮等武器装备，寿命数据的缺乏给可靠性评估工作带来巨大的挑战。缺少足够的寿命数据则无法利用传统统计推断方法建立可靠性模型；即使有少量的失效寿命数据也无法建立可信度高的可靠性模型，那么自然也无法利用该模型给出令人信服的可靠性推断。基于失效物理的性能退化建模技术研究为解决这一难题提供了新的思路和方向。

导致装备失效的原因很多，主要有装备本身的缺陷、装备设计不当、使用不当及其他因素。几乎绝大部分失效原因都与装备的性能退化息息相关，装备的失效过程可从失效的原始缺陷或退化角度来描述。性能退化失效是一种典型的失效机理，该机理描述了表征装备性能的特征参数和失效之间的内在联系，使得传统的基于寿命数据的可靠性建模过渡到基于性能参数退化的可靠性建模。在典型的失效物理模型中，反应论模型、应力强度模型和累积损伤模型等实质上都可归纳到性能退化的范畴。然而，在实际应用这些失效物理模型进行建模时仍然存在许多问题。

（1）缺乏一般化的性能退化模型以及系统的建模方法。典型的基于失效物理的性能退化模型针对性很强，每种模型都对应于具体的装备类型和失效过程，缺少对退化失效过程进行一般化描述的功能。例如，反应论模型中，每种装备的退化模型和反应速率模型都有所不同，缺少系统的基于失效物理的退化模型理论；对于不同的退化模型，需要采用不同的参数估计方法来估计参数，缺乏系统的建模方法。另外，对于一批装备来说，装备往往具有个体差异性，这种差异性可能是多种随机因素共同作用的结果，典型的基于失效物理的性能退化模型无法对该类型问题进行描述。

（2）缺乏一般化的测量误差模型。虽然通过性能参数的退化模型可以建立装备的可靠性模型，然而在实际中获得的特征参数测量值伴随着随机测量误差，这种误差不可避免，且误差往往具有异方差性。也就是说退化模型还包含随机测量误差项，这种误差并不是导致装备失效的系统性误差，而是在测量过程中由于各种随机因素带入的。在利用特征参数的测量值来建立可靠性模型时需要剔除这种误差。然而，常用的白噪声测量误差模型不能描述具有异方差性的随机误差，需要引入一般化的测量误差模型以及相应模型下的参数估计方法。

鉴于以上原因，有必要对基于失效物理的性能退化建模技术展开研究，首先给出一种一般化的性能退化模型，然后给出该模型的参数估计方法，最后给出基于该模型的寿命分布建模方法。

5.2.1　基于失效物理的性能退化模型

退化模型是性能可靠性统计推断的基础。退化模型的合理性和有效性直接决定了统计推断的可信度，鉴于此，本节以失效物理为出发点，提出了一种一般化的性能退化模型。

1. 失效物理退化数据

常规寿命试验的目的是获取寿命数据，并不注重失效过程。这是一种宏观意义上的试验方式。一般情况下，从火炮实装试验中得不到充分的寿命数据，因此传统可靠性方法存在缺陷。在失效物理试验中，装备的失效过程是试验关注的重点，这是一种微观意义上的试验方式。在失效过程的观测中往往可以发现装备的失效是由某种物理或化学上的原因导致，而这种原因通常对应为可测量特征变量的逐步退化。失效物理试验中测量到的可以表征装备性能的数据称为失效物理退化数据，其退化过程和装备性能直接相关。也就是说，当该性能数据退化到一定程度时，装备无法满足规定功能要求，即装备失效。因此通过失效物理退化数据来解决火炮装备小样本的可靠性评估问题是一种可行的方法。

失效物理退化数据是失效物理试验中观测到的重要数据类型。何种数据为失效物理退化数据需要通过翔实合理的失效物理分析来确定，即提取失效物理特征量。基于该类型数据则可研究装备性能随时间变化的情况，并建立相关的可靠性模型和对相应的可靠性指标进行估计。设随机抽取 n 个样品进行失效物理试验。在试验中，按时间顺序在若干个时间点对装备的性能特征（电流、温度、湿度等）进行测量并记录，获得具有如下形式的装备失效物理退化数据：$\{x_{st}; s \in S, t \in T\}$，其中 S 是受试样品集合，一般为样品序号集合 $\{0, 1, \cdots, n\}$；$T = [0, +\infty)$ 或 $\{t_0, t_1, t_2, \cdots\}$，表示时间或其他表征时间的数据类型。根据装备类型不同，失效物理试验通常分为非破坏性连续观测和破坏性观测两种情况，这两种情况下取得的退化数据存在明显差异，并且在其可靠性建模过程中数据模型和统计分析方法都有很大不同。

在非破坏性测量情况下，对第 i 个样品分别在 $t_1 < t_2 < \cdots < t_{m_i}$ 时刻进行 m_i 次测量，则失效物理退化数据为 $\{x_{ij}; i = 1, 2, \cdots, n, j = 1, 2, \cdots, m_i\}$。

若每个样品的测量时间点相同，即 $\forall i, k \in S, m_i = m_k, t_{m_i} = t_{m_k}$，则称该性

能退化数据为规则型依次测量失效物理退化数据。在许多实际问题中，每个样品的测量次数和测量时间点往往会因各种原因而不尽相同，此时的性能退化数据称为非规则型失效物理退化数据。

在破坏性测量情况下，一个装备只能测量一次，测量之后即退出试验。假设计划在 $t_1 < t_2 < \cdots < t_m$ 时刻进行测量，把 n 个样品分为 m 组，各组样品数分别为 $n_1, n_2, \cdots, n_m$，$n = \sum_{i=1}^{m} n_i$。在 t_1 时刻对第一组 n_1 个样品进行破坏性测量，数据记为 $x_{1,1}, x_{1,2}, \cdots, x_{1,n_1}$；在 t_2 时刻对第二组 n_2 个样品进行破坏性测量，数据记为 $x_{2,1}, x_{2,2}, \cdots, x_{2,n_2}$；……；依次进行，则失效物理退化数据为 $\{x_{jt_i}; j = 1, 2, \cdots, m, i = 1, 2, \cdots, n_j\}$。

对于火炮装备，基于失效物理的性能退化建模主要依赖非破坏性测量数据，并采用相关统计方法估计模型参数。如不做特别说明，本书所指的失效物理退化数据均为非破坏性测量数据。

2. 基于失效物理的性能退化模型

装备的退化模型一般由系统退化模型和测量误差模型两部分组成。系统退化模型描述了装备退化本质，测量误差模型描述了测量过程中带入的随机性误差，且这种误差往往具有异方差性。系统退化模型又可分为随机性部分和确定性部分，随机性部分描述了装备的个体性差异，主要由设计、制造以及运行环境中的随机性因素导致；确定性部分则描述了装备的共同属性，主要由设计、制造以及运行环境中的确定性因素导致。图 5-3 给出了装备退化模型的结构示意图。

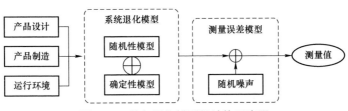

图 5-3 装备退化模型的结构示意图

假设通过失效物理试验确定某特征变量和装备性能直接相关，记 x_{ij} 为第 i 个样本在时刻 t_j 的特征测量值。设第 i 个样本在时刻 t_j 的特征变量真值为 $\eta(t_{ij};\theta,\Theta_i)$，其对应的系统退化模型由随机性模型和确定性模型耦合而成，其中 θ 为退化过程中的确定性参数，Θ_i 为退化过程中的随机性参数。这里，θ 是所有样本的共有参数，用来描述装备的共同属性；Θ_i 为每个样本的特定参数，用来描述装备间的个体差异性，这种个体的差异性通常是由装备设计、制造以及运行环境等方面因素导致的。记由测量本身所引入的误差为 e_{ij}。不失一般性，假设 e_{ij} 独立同分布于均值为 0、方差为 $\delta_\varepsilon^2 \cdot l(t_{ij})$ 的正态分布，其中 $l(t_{ij};\varphi)$ 是一个和时间相关的函数，φ 为函数的参数。这样就定义了一种基于失效物理的一般化的性能退化模型：

$$x_{ij} = \eta(t_{ij};\theta,\Theta_i) + e_{ij} \qquad (5-1)$$

这里一般假设系统退化过程 $\eta(t_{ij};\theta,\Theta_i)$ 和随机误差 e_{ij} 之间相互独立。

进一步，由于多项式模型具有较强的拟合性，将系统退化模型 $\eta(t;\theta,\Theta_i)$ 表示为随机性模型和确定性模型的多项式耦合形式：

$$\begin{cases} \eta(t;\theta,\Theta_i) = \sum_{i=1}^{k_f} \Theta_i^{\delta_i^1} \cdot g_i^{\delta_i^2}(t;\theta_i) \\ \delta_i^1 = \begin{cases} 0, 无随机性 \\ 1, 有随机性 \end{cases}, \quad \delta_i^2 = \begin{cases} 0, 无时间相关性 \\ 1, 有时间相关性 \end{cases} \end{cases} \qquad (5-2)$$

式中，$g_i(t;\theta_i)$ 为第 i 类确定性模型，θ_i 为 $g_i(t;\theta_i)$ 中的确定参数；Θ_i 为第 i 类随机性模型；δ_i 为随机性的指标函数；k_f 为影响装备性能退化的各类因素的总和。值得注意的是，这里各类因素相互之间应具有独立性。该模型中各部分的具体构成以及影响装备性能的因素的数量都可通过失效物理分析来确定，且各组成部分的模型形式均没有限制，因此，该模型可以描述一类由多种因素共同导致的性能退化问题，是一种基于失效物理的一般化的性能退化模型。

在式（5-2）描述的系统退化模型中，最为典型的两种退化模型类型为

$$\eta(t;\theta,\Theta_i)=\begin{cases}\Theta_i + g(t;\theta) \text{加法}\\ \Theta_i \cdot g(t;\theta) \text{乘法}\end{cases} \qquad (5-3)$$

式中，$g(t;\theta)$ 为确定性模型；Θ_i 为随机性模型。加法情况为随机性参数和时间不相关的典型类型。乘法情况为随机性参数和时间相关的典型类型。

在利用式（5-1）和式（5-2）描述的模型建立可靠性模型前首先需要确定的是系统退化模型 $\eta(t;\theta,\Theta_i)$ 和测量模型 e_{ij} 的形式，然后才可利用失效物理退化数据对模型中的参数 (θ,Θ_i) 和 φ 进行估计。对于失效机理明确的装备，可以通过机理分析解析地表达出系统退化模型 $\eta(t;\theta,\Theta_i)$；而对于某些复杂武器装备，其失效机理研究往往不够透彻，从而无法给出系统退化模型 $\eta(t;\theta,\Theta_i)$ 的解析表达形式，这需要基于失效物理数据与经验模型来构造。在实际应用中，系统退化模型 $\eta(t;\theta,\Theta_i)$ 的确定常常需要多次反复验证，主要手段是失效物理分析、失效物理试验验证和基于退化数据的模型辨识等。有了较为准确的系统退化模型后，则可基于退化数据和系统退化模型 $\eta(t;\theta,\Theta_i)$ 来对误差模型进行辨识，用得比较多的方法是对方差随时间变化的曲线进行最小二乘拟合。

5.2.2　性能退化模型的参数估计

式（5-4）给出了以下性能退化模型：

$$x_{ij}=\eta(t_{ij};\theta,\Theta_i)+e_{ij}, \quad i=1,2,\cdots,n, \quad j=1,2,\cdots,m_i \qquad (5-4)$$

式中，i 为试验样本标号；j 为试验测量时间标号；m_i 为第 i 个样本的总测量次数；θ 为所有样本共有的确定性参数；Θ_i 为第 i 个样本的随机参数；t_{ij} 为第 i 个样本的第 j 次测量时间；随机误差 $e_{ij}\sim N(0,\delta_\varepsilon^2\cdot l(t_{ij};\varphi))$。

设 $Y=(\Theta_1,\Theta_2,\cdots,\Theta_n)$，$\Theta_i$ 的分布密度函数为 $f_\Theta(\Theta_i;\phi)$，ϕ 为函数的参数；试验观测数据为 $X=\{x_{ij}\}$，$\Omega=\{\theta,\varphi,\delta_\varepsilon,\phi\}$，则有以下对数似然函数：

$$\log L(\Omega\,|\,X,Y)=\log P(\theta,\varphi,\delta_\varepsilon,\phi\,|\,X,Y)$$

$$\propto \log[P_X(\Theta_1,\Theta_2,\cdots,\Theta_n,\theta,\varphi,\delta_\varepsilon\,|\,X)\cdot P_\Theta(\phi\,|\,Y)]$$

$$\propto \sum_i^n \log f_\Theta(\Theta_i\,|\,\phi) + \sum_i^n\sum_j^{m_i}\log f_\varepsilon(x_{ij}-\eta(t_{ij};\theta,\Theta_i)\,|\,\theta,\Theta_i,\delta_\varepsilon,\phi) \quad （5-5）$$

如果采用极大似然估计方法（Maximum Likelihood Estimation，MLE）来估计模型中的参数，需对上面的对数似然函数求极值。而在实际应用中，只有数据 $X=\{x_{ij}\}$ 是可观测的，而 $Y=(\Theta_1,\Theta_2,\cdots,\Theta_n)$ 不可观测，这使得上述问题很难求解。

1. 基于 MCMC 法的参数估计

MCMC（Markov Chain Monte Carlo）方法是参数估计中比较常用的数值仿真方法。而应用最广泛的 MCMC 随机抽样是吉布斯抽样，其具体步骤如下。

设某似然函数为 $\pi(\theta,\varphi,\delta_\varepsilon,\phi\,|\,data)$，其中 $data$ 为给定现场数据。若给定起始点 $\Omega^{(0)}=\left\{\theta^{(0)},\varphi^{(0)},\delta_\varepsilon^{(0)},\phi^{(0)}\right\}$，假定第 $t+1$ 次抽样开始时的观测值为 $\Omega^{(t)}$，则第 $t+1$ 次抽样分为以下步骤：

（1）由条件分布 $\pi(\theta\,|\,\varphi^{(t)},\delta_\varepsilon^{(t)},\phi^{(t)})$ 抽取 $\theta^{(t+1)}$。

（2）由条件分布 $\pi(\varphi\,|\,\theta^{(t+1)},\delta_\varepsilon^{(t)},\phi^{(t)})$ 抽取 $\varphi^{(t+1)}$。

（3）由条件分布 $\pi(\delta_\varepsilon\,|\,\theta^{(t+1)},\varphi^{(t+1)},\phi^{(t)})$ 抽取 $\delta_\varepsilon^{(t+1)}$。

（4）由条件分布 $\pi(\phi\,|\,\theta^{(t+1)},\varphi^{(t+1)},\delta_\varepsilon^{(t+1)})$ 抽取 $\phi^{(t+1)}$。

记 $\Omega^{(t+1)}=\{\theta^{(t+1)},\varphi^{(t+1)},\delta_\varepsilon^{(t+1)},\phi^{(t+1)}\}$，则 $\Omega^{(1)}$，$\Omega^{(2)}$，…，$\Omega^{(t)}$，…是马尔可夫链的实现值。若 Ω_i 和 Ω_j 是 Ω 的两个状态，则由 Ω_i 和 Ω_j 的转移概率函数为

$$p(\Omega_i,\Omega_j)=\pi(\theta\,|\,\varphi^{(i)},\delta_\varepsilon^{(i)},\phi^{(i)})\,\pi(\varphi\,|\,\theta^{(j)},\delta_\varepsilon^{(i)},\phi^{(i)})\,\pi(\delta_\varepsilon\,|\,\theta^{(j)},\varphi^{(j)},\phi^{(i)})$$
$$\pi(\phi\,|\,\theta^{(j)},\varphi^{(j)},\delta_\varepsilon^{(j)})$$

且该函数以 $\pi(\theta,\varphi,\delta_\varepsilon,\phi)$ 为其平稳分布。关于吉布斯抽样收敛性的判断，几乎没有简单且有效的方法，在实际中，通常可采用两种方法来进行判断。

方法之一是应用吉布斯抽样同时产生多个马尔可夫链，在经过一

段时间后，如果这几条马尔可夫链稳定下来，则可以认为吉布斯抽样收敛。

另一个判断吉布斯抽样是否收敛的方法是看遍历均值是否已经收敛，比如在吉布斯抽样得到的马尔可夫链中每隔一段距离计算一次参数的遍历均值。为使得用来计算平均值的变量近乎独立，通常每隔一段取一个样本，当这样算得的均值稳定后，可认为吉布斯抽样收敛。

目前，MCMC 方法较为成熟，对于复杂度较低、似然函数较简单的问题都可以在较短时间内得到精度较高的解。然而，当未知参数较多、似然函数较复杂时，很难保证很快收敛。若将潜在数据都当成未知参数，应用 MCMC 方法求解也相当困难。为了解决这一问题，本书分别提出了两阶段近似法和 EM 迭代算法。

2. 基于两阶段法的参数估计

当给定潜在数据时，统计量 $x_{ij} - \eta(t_{ij};\theta,\Theta_i) \sim N(0, \delta_\varepsilon^2 \cdot l(t_{ij};\varphi))$，因此可利用 MLE 方法先基于试验观测数据估计参数 $(\theta, \Theta_i, \delta_\varepsilon, \varphi)$，然后利用估计出来的参数值 Θ_i 估计分布密度函数 $f_\Theta(\Theta_i;\phi)$ 中的参数 ϕ。主要步骤如下。

（1）基于试验观测数据估计参数 θ、Θ_i、δ_ε、φ。

根据随机误差的正态性，可给出以下似然函数：

$$L = \prod_i^n \prod_j^{m_i} \frac{1}{\delta \sqrt{2\pi \cdot l(t_{ij};\varphi)}} \exp\left\{ -\frac{[x_{ij} - \eta(t_{ij};\theta,\Theta_i)]^2}{2\delta_\varepsilon^2 \cdot l(t_{ij};\varphi)} \right\} \tag{5-6}$$

对上述似然函数两边求对数，则可得到对数似然函数：

$$\log L = -\sum_i^n \sum_j^{m_i} \left\{ \log \delta_\varepsilon + \frac{1}{2}[\log(2\pi) + \log l(t_{ij};\varphi)] + \frac{[x_{ij} - \eta(t_{ij};\theta,\Theta_i)]^2}{2\delta_\varepsilon^2 \cdot l(t_{ij};\varphi)} \right\}$$
$$\tag{5-7}$$

记 $Q = -\sum_i^n \sum_j^{m_i} \left\{ \log \delta_\varepsilon + \frac{1}{2}\log l(t_{ij};\varphi) + \frac{[x_{ij} - \eta(t_{ij};\theta,\Theta_i)]^2}{2\delta_\varepsilon^2 \cdot l(t_{ij};\varphi)} \right\}$，若要 L 最大只

需 Q 取得最小值。取 Q 分别关于各未知参数的偏导数，并令它们等于 0：

$$
\begin{cases}
\dfrac{\partial Q}{\partial \theta} = -\sum_i^n \sum_j^{m_i} \dfrac{[x_{ij} - \eta(t_{ij};\theta,\Theta_i)]^2}{\delta_\varepsilon^2 \cdot l(t_{ij};\varphi)} \cdot \dfrac{\partial \eta(t_{ij};\theta,\Theta_i)}{\partial \theta} = 0 \\[2mm]
\dfrac{\partial Q}{\partial \Theta_i} = -\sum_j^{m_i} \dfrac{[x_{ij} - \eta(t_{ij};\theta,\Theta_i)]^2}{\delta_\varepsilon^2 \cdot l(t_{ij};\varphi)} \cdot \dfrac{\partial \eta(t_{ij};\theta,\Theta_i)}{\partial \Theta_i} = 0 \\[2mm]
\dfrac{\partial Q}{\partial \delta_\varepsilon} = \sum_i^n \sum_j^{m_i} \left\{ \dfrac{1}{\delta_\varepsilon} - \dfrac{[x_{ij} - \eta(t_{ij};\theta,\Theta_i)]^2}{\delta_\varepsilon^3 \cdot l(t_{ij};\varphi)} \right\} = 0 \\[2mm]
\dfrac{\partial Q}{\partial \varphi} = \sum_i^n \sum_j^{m_i} \left\{ \dfrac{1}{2l(t_{ij};\varphi)} \cdot \dfrac{\partial l(t_{ij};\varphi)}{\partial \varphi} - \dfrac{[x_{ij} - \eta(t_{ij};\theta,\Theta_i)]^2}{2\delta_\varepsilon^2 \cdot [l(t_{ij};\varphi)]^2} \cdot \dfrac{\partial l(t_{ij};\varphi)}{\partial \varphi} \right\} = 0
\end{cases}
\tag{5-8}
$$

从上述方程组可知，$l(t_{ij};\varphi)$ 的形式对方程组的求解影响巨大。如果 $l(t_{ij};\varphi)$ 为非线性函数，即使通过数值方法求解也非常困难。在实际求解过程中，为了降低复杂度，可将 $l(t_{ij};\varphi)$ 二阶泰勒展开，设为 $l(t_{ij};\varphi) \approx \varphi_0 + \varphi_1 t + \varphi_2 t^2, \varphi = (\varphi_0,\varphi_1,\varphi_2)$。例如对于加法模型 $\eta(t_{ij};\theta,\Theta_i) = \Theta_i + g(t_{ij};\theta)$ 的两步法求解，可得方程组如下：

$$
\begin{cases}
\dfrac{\partial Q}{\partial \theta} = -\sum_i^n \sum_j^{m_i} \dfrac{[x_{ij} - \Theta_i - g(t_{ij};\theta)]}{\delta_\varepsilon^2 \cdot (\varphi_0 + \varphi_1 t_{ij} + \varphi_2 t_{ij}^2)} \cdot \dfrac{\partial g(t_{ij};\theta)}{\partial \theta} = 0 \\[2mm]
\dfrac{\partial Q}{\partial \Theta_i} = -\sum_j^{m_i} \dfrac{[x_{ij} - \Theta_i - g(t_{ij};\theta)]}{\delta_\varepsilon^2 \cdot (\varphi_0 + \varphi_1 t_{ij} + \varphi_2 t_{ij}^2)} = 0 \\[2mm]
\dfrac{\partial Q}{\partial \delta_\varepsilon} = \sum_i^n \sum_j^{m_i} \left\{ \dfrac{1}{\delta_\varepsilon} - \dfrac{[x_{ij} - \Theta_i - g(t_{ij};\theta)]^2}{\delta_\varepsilon^3 \cdot (\varphi_0 + \varphi_1 t_{ij} + \varphi_2 t_{ij}^2)} \right\} = 0 \\[2mm]
\dfrac{\partial Q}{\partial \varphi_0} = \sum_i^n \sum_j^{m_i} \left\{ \dfrac{1}{2(\varphi_0 + \varphi_1 t_{ij} + \varphi_2 t_{ij}^2)} - \dfrac{[x_{ij} - \Theta_i - g(t_{ij};\theta)]^2}{2\delta_\varepsilon^2 (\varphi_0 + \varphi_1 t_{ij} + \varphi_2 t_{ij}^2)^2} \right\} = 0 \\[2mm]
\dfrac{\partial Q}{\partial \varphi_1} = \sum_i^n \sum_j^{m_i} \left\{ \dfrac{t_{ij}}{2(\varphi_0 + \varphi_1 t_{ij} + \varphi_2 t_{ij}^2)} - \dfrac{t_{ij}[x_{ij} - \Theta_i - g(t_{ij};\theta)]^2}{2\delta_\varepsilon^2 (\varphi_0 + \varphi_1 t_{ij} + \varphi_2 t_{ij}^2)^2} \right\} = 0 \\[2mm]
\dfrac{\partial Q}{\partial \varphi_2} = \sum_i^n \sum_j^{m_i} \left\{ \dfrac{t_{ij}^2}{2(\varphi_0 + \varphi_1 t_{ij} + \varphi_2 t_{ij}^2)} \cdot \dfrac{t_{ij}^2[x_{ij} - \Theta_i - g(t_{ij};\theta)]^2}{2\delta_\varepsilon^2 (\varphi_0 + \varphi_1 t_{ij} + \varphi_2 t_{ij}^2)^2} \right\} = 0
\end{cases}
\tag{5-9}
$$

利用 MCMC 方法则可求得相关参数。

（2）设参数 $(\theta,\Theta_i,\delta_\varepsilon,\varphi)$ 的估计值为参数 $(\hat{\theta},\hat{\Theta}_i,\hat{\delta}_\varepsilon,\hat{\varphi})$，若 Θ_i 服从参数为

ϕ 的分布，其分布密度函数为 $f_\Theta(\Theta;\phi)$，利用估计值 $\hat{\Theta}_i$ 则可获得参数 ϕ 的估计 $\hat{\phi}$。其求解过程可采用经典矩方法，这里不作详细叙述。

5.2.3　基于性能退化模型的寿命分布建模

一般来讲，火炮装备的失效物理试验会出现三种情况：

（1）在试验过程中无任何装备失效，但装备的性能退化情况可观测。

（2）少部分装备失效，且这部分装备的性能退化可观测，其失效表征为性能参数超过了给定阈值。

（3）少部分装备失效，且这部分装备的性能退化不可测，失效装备数量很小。

在上述三种情况中，情况（1）占较大比例，情况（2）与情况（1）在性能退化可靠性建模方面没有实质性区别。情况（3）所占比例最小，由于其失效装备数量很小，因此无法基于少量的寿命数据来对装备的可靠性特征进行评估。鉴于此，本书仅针对情况（1）和情况（2）进行讨论。

1. 基于性能退化模型的寿命分布推断

基于上节的参数估计方法，利用失效物理退化数据可以得到装备的退化模型 $\eta(t_i;\theta,\Theta_i)$。为了方便学术研究，作假设如下：

（1）退化过程 $\eta(t_i;\theta,\Theta_i)$ 连续可微，且退化过程不可逆。

（2）退化过程 $\eta(t_i;\theta,\Theta_i)$ 严格单调。

（3）当装备性能退化到一定程度会导致其丧失应有的功能，即退化模型 $\eta(t_i;\theta,\Theta_i)$ 首次达到或超过预先确定的阈值 η_T 时认定装备失效。

（4）存在满足 $0<\eta_1<\eta_T<\eta_2$ 的常数 η_1 和 η_2，有

$$P\left\{\lim_{t\to 0}\eta(t_i;\theta,\Theta_i))<\eta_1\right\}=1,\quad P\left\{\lim_{t\to\infty}\eta(t_i;\theta,\Theta_i))>\eta_2\right\}=1$$

根据假设，装备寿命分布和退化量分布有关系 $F_T(t\,|\,x)=1-F_\eta(x\,|\,t)$ 或 $F_T(t\,|\,x)=F_\eta(x\,|\,t)$，因此可以从退化量的角度来分析装备的寿命分布。而影响退化量分布最关键的是随机参数 Θ_i。鉴于此，从随机参数 Θ_i 的角

度出发，基于式（5-3）给出的两种典型系统退化模型研究装备的寿命分布规律。

2. 加法模型

设 Θ_i 的分布函数为 $F_\Theta(\cdot)$，可得装备的寿命分布 $F_T(t; \theta, \Theta_i)$ 可表示为

$$
\begin{aligned}
F_T(t; \theta, \Theta_i) &= 1 - F_\eta(\eta_T; \theta, \Theta_i) \\
&= 1 - P(\eta(t; \theta, \Theta_i) \leqslant \eta_T) \\
&= 1 - P(\Theta_i + g(t; \theta) \leqslant \eta_T) \quad\quad (5-10) \\
&= 1 - P(\Theta_i \leqslant \eta_T - g(t; \theta)) \\
&= 1 - F_\Theta(\eta_T - g(t; \theta))
\end{aligned}
$$

这里要求满足 $F_\Theta(\eta_T - g(0-; \theta)) = 1$ 和 $F_\Theta(\eta_T - g(+\infty; \theta)) = 0$。

更进一步，设装备的寿命密度函数为 $F_T(t; \theta, \Theta_i)$，Θ_i 的密度函数为 $F_\Theta(\cdot)$，则装备时刻 t 的失效率函数 $r(t; \theta, \Theta_i)$ 可表示为

$$
r(t; \theta, \Theta_i) = \frac{f_r(t; \theta, \Theta_i)}{1 - F_T(t; \theta, \Theta_i)} = -\frac{[F_\Theta(\eta_T - g(t; \theta))]'}{F_\Theta(\eta_T - g(t; \theta))} = g'(t; \theta)\frac{f_\Theta(\eta_T - g(t; \theta))}{F_\Theta(\eta_T - g(t; \theta))}
$$

$$(5-11)$$

式中，$[\cdot]'$ 为一阶导数。

说明：若 $\eta(t_i; \theta, \Theta_i)$ 单调递减，寿命分布函数为 $F_T(t; \theta, \Theta_i) = F_\Theta(\eta_T - g(t; \theta))$，且要求满足 $F_\Theta(\eta_T - g(0-; \theta)) = 0$ 和 $F_\Theta(\eta_r - g(+\infty; \theta)) = 1$；时刻 t 的失效率函数为 $r(t; \theta, \Theta_i) = -\eta'(t_i; \theta, \Theta_i) \cdot r_\Theta(\eta_r - g(t; \theta))$，其中 $r_\Theta(\cdot)$ 为随机变量 Θ_i 的失效率函数。

3. 乘法模型

由于装备的寿命分布 $F_T(t; \theta, \Theta_i)$ 可表示为

$$
\begin{aligned}
F_T(t; \theta, \Theta_i) &= 1 - F_\eta(\eta_T; \theta, \Theta_i) \\
&= 1 - P(\eta(t; \theta, \Theta_i) \leqslant \eta_T) \\
&= 1 - P(\Theta_i \cdot g(t; \theta) \leqslant \eta_T) \\
&= 1 - P(\Theta_i \leqslant \eta_T / g(t; \theta)) \\
&= 1 - F_\Theta(\eta_T / g(t; \theta)) \quad\quad (5-12)
\end{aligned}
$$

这里要求满足 $F_{\Theta}(\eta_T / g(0-;\theta))=1$ 和 $F_{\Theta}(\eta_T / g(+\infty;\theta))=0$。

更进一步，装备时刻 t 的失效率函数 $r(t;\theta,\Theta_i)$ 可表示为

$$r(t;\theta,\Theta_i)=\frac{f_r(t;\theta,\Theta)}{1-F_T(t;\theta,\Theta)}=-\frac{[F_{\Theta}(\eta_T / g(t;\theta))]'}{F_{\Theta}(\eta_T / g(t;\theta))}=\frac{\eta_T \cdot g'(t;\theta)}{[g(t;\theta)]^2} \cdot \frac{f_{\Theta}(\eta_T-g(t;\theta))}{F_{\Theta}(\eta_T-g(t;\theta))}$$

$$(5-13)$$

说明：若 $\eta(t_i;\theta,\Theta_i)$ 单调递减，寿命分布函数为 $F_T(t,\theta,\Theta_i)=F_{\Theta}(\eta_T / g(t;\theta))$，且要满足 $F_{\Theta}(\eta_T / g(0-;\theta))=1$ 和 $F_{\Theta}(\eta_T / g(+\infty;\theta))=0$；时刻 t 的失效率函数为 $r(t,\theta,\Theta_i)=-\eta_T / g(t;\theta) \cdot \{\log g(t;\theta)\}' \cdot r_{\Theta}(\eta_T / g(t;\theta))$。

为了进一步说明上述模型，下面就火炮装备的两种典型寿命分布情况进行讨论。

在对装备进行可靠性建模前，需要确定装备的寿命分布类型。对于火炮装备，通常缺少用来推断装备寿命分布的寿命数据，这使得无法确定装备寿命分布的形式。通过上述研究可知，当系统退化模型的形式确定后，随机参数对装备寿命分布起着决定性作用。在失效物理试验中，可以通过试验数据和失效机理来分析并确定系统退化模型的形式，并可基于数据获得每个试验样本的随机参数的估计值。这样就可以基于这些随机参数的估计样本对装备的寿命分布进行统计推断，这为寿命分布的确定提供了新的思路。

本书提出的基于性能退化模型的装备寿命分布建模方法，构建了装备寿命分布和退化模型形式、退化模型随机参数之间的内在关系，为装备寿命分布的推断提供了理论基础。

5.3　可靠性鉴定试验综合设计方案

随着现代战争对武器装备的需求提高，高性能、长寿命成为衡量装备质量的重要指标。与之对应的就是装备的高可靠性要求，相应地，对可靠性工作提出了更高的要求。

　　火炮可靠性鉴定试验是为了验证军方提出的可靠性指标是否达到设计要求，由军方用有代表性的火炮在设计定型阶段，在规定条件下所做的试验。因此，可靠性鉴定试验能够反映火炮可靠性的实际情况，提供验证可靠性的估计值，并作为新研火炮能否设计定型的重要依据。出于试验时间、试验成本的考虑，可靠性鉴定试验属于典型的极小子样抽样试验，样本少，故障试验数据缺乏。为提高可靠性鉴定试验的效率与水平，摸清新型火炮装备的可靠性底数，本书基于综合考虑试验故障寿命、部件性能退化等数据，基于失效物理的性能退化数据建模技术，构建火炮可靠性鉴定试验综合设计方案。

　　其中，基于失效物理的性能可靠性试验技术涉及物理、化学、数学等多学科，并逐渐形成一门崭新的跨多学科的边缘科学。基于失效物理的性能可靠性工作的目的在于以性能可靠性理论为指导，导入物理学与化学的思考方法，说明构成装备的零件或材料的失效机理，并以之为消除或减少失效的依据，从而提高装备的可靠性水平。

　　基于失效物理的性能可靠性试验，研究内容主要包括装备的失效物理分析、基于失效物理的性能退化建模、基于性能退化的试验设计和基于信息融合的可靠性评估。通过失效物理分析，得到装备的失效模式和失效机理，为性能退化建模提供反映失效本质的各类信息；以性能退化模型为基础的可靠性试验设计可为可靠性评估提供最优化试验方案和数据支持；基于信息融合的可靠性试验评估为克服可靠性试验数据不足而导致的低精度提供了保障。

　　另外，对于火炮等复杂武器装备的可靠性试验问题，当对其进行大量实装试验研究时，由于实装试验所需的人力、物力和财力都非常大，试验成本高昂，造成完全的实装试验难以实现；当进行完全的仿真试验研究时，由于通常情况下复杂机械装备的仿真试验误差较大，进而造成仿真试验的可信性较低。针对该问题，本书研究了仿真、台架试验与实装试验相结合的可靠性试验方法，即少量的实装试验结合大量的仿真、台架试验。

综上分析，基于性能退化与故障寿命数据融合的可靠性鉴定试验综合设计方案可用图 5-4 表示。该方案给出了实施基于失效物理的性能退化建模、可靠性试验设计与可靠性评估的主要过程以及所使用和得到的相关数据信息。综合设计方案包括三部分内容，分别是基于失效物理的性能退化建模、基于性能退化的可靠性试验设计和基于信息集成的可靠性评估。具体步骤及内容如下。

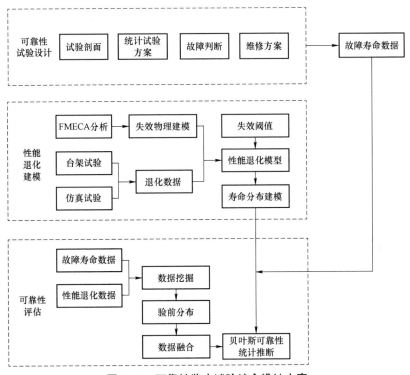

图 5-4　可靠性鉴定试验综合设计方案

1. 基于失效物理的性能退化建模

性能退化建模阶段主要是利用失效物理分析和试验数据建立装备的失效物理模型、性能退化模型和寿命分布模型。其主要过程如下。

（1）FMECA 分析。有效、广泛和规范地收集包括设计、生产和运行信息、工作原理以及各种试验信息。分析装备的结构、材料、运行环境，研究可能导致装备失效的各种原因，包括时间、空间、应力、外观变化及各种参数的变化，根据各类信息初步确定装备的失效模式和机理。

（2）建立失效物理模型。基于装备结构功能组成、特点及失效机理的充分分析，采用台架与仿真试验相结合的方法，观察和测量试验数据，并对试验数据进行详尽的分析，结合初步确定的失效模式和机理，以试验分析为基础建立火炮装备或子系统的失效物理模型。

（3）建立性能退化模型。根据失效分析结果提取反映装备性能退化的特征量，确定装备性能退化的失效阈值和准则，并依据一定的规范采集和整理试行试验退化数据。综合失效物理模型、失效阈值和准则、试运行的退化数据来确定装备的性能退化模型。

（4）建立寿命分布模型。利用最优化设计的可靠性试验中的退化数据，以装备的性能退化模型为基础，利用相应的统计推断方法构建装备的寿命分布模型。

2. 基于性能退化的可靠性试验设计

可靠性试验设计主要是设计最优化试验方案，为寿命分布建模和可靠性推断提供数据支持。其主要过程如下：

（1）试验设计。依据实际情况，确定试验的各项约束条件，主要包括费用和时间约束。根据装备类型和性能退化模型选择相应的试验设计方法，设计装备的最优化试验方案。该方案主要包括试验样本量、试验测量频次和试验时间的设计。

（2）试验实施。按最优试验方案实施具体试验，并根据特征量采集相关的试验数据，为寿命分布建模和可靠性统计推断提供信息支持。试验数据主要包括失效现象、失效环境和失效物理退化数据等。

3. 基于信息集成的可靠性评估

可靠性评估主要是挖掘和集成相关可靠性信息，校正和更新寿命分布模型，并以之为基础结合失效物理退化展开可靠性统计推断。

（1）数据挖掘。有效、广泛和规范地收集可靠性相关数据，主要包括相似装备或同型号装备的历史寿命数据和截尾寿命数据、实际运行性能退化数据以及专家判断信息。整理和分析数据，利用相应的数据挖掘方法确定装备的可靠性模型参数的验前分布。

（2）多源信息融合。利用信息融合方法对各验前分布进行集成，并得到融合的验前分布表示。

（3）可靠性统计推断。基于贝叶斯方法，利用融合的验前分布校正和更新寿命分布模型，并以之为基础对可靠性指标进行统计推断。可靠性指标主要包括平均寿命、任务可靠度和可靠度置信限。

第 **6** 章

基于性能退化的台架和仿真可靠性试验技术

6.1　基于性能退化的炮闩系统可靠性鉴定台架试验设计

6.1.1　炮闩系统结构和故障分析

1. 结构与功能分析

炮闩是火炮火力系统的重要组成部分，其功能为：与药筒配合闭锁炮膛、击发炮弹、抽出药筒。炮闩设计功能的完成需要炮尾的配合，且炮闩很多零部件都安装在炮尾上，而炮尾是火炮火力系统另一个组成部分——炮身的组成单元。为了能够以一个更恰当的名称涵盖炮闩和炮尾，很多学者使用"炮闩系统"一词。

目前，"炮闩系统"已在很多炮闩相关研究文献资料中得到应用，但在具体型号的火炮构造、勤务、维修等系列教材和著作中，仍然使用"炮闩"一词，即炮闩零部件组成是不包括炮尾的。虽然不同型号的火炮其结构、零部件组成有所差异，尤其是一些新型火炮对一些零部件进行了改进，但是火炮构造的一个共性之处是都将炮尾作为火炮炮身的一个组成部件。然而，炮闩各机构动作的完成、零部件的安装都要依托炮尾，即脱离炮尾，炮闩本身是无法实现开闩、抽筒、复拨等动作的，而这些动作往往与身管等其他炮身零部件没有直接关联。因此，在对炮闩机构动作以及零部件性能进行分析研究时，本书统一使用"炮闩系统"这一名词。

炮闩系统作为火炮关键子系统之一，是由击发机构、抽筒机构等多个机构组成的典型纯机械系统，各机构动作可靠性直接决定了火炮作战威力能否正常发挥，并且关系到武器本身完好性和操作人员安全。通过分析研究，总结炮闩系统各机构功能、零部件组成以及特点，如表6-1所示。

表6-1　炮闩系统功能与特点

机构组成	主要功能	零部件组成	特点
开关闩机构	利用火炮后坐部分的复进能量（自动开闩时）或手臂下压（手动开闩时）来引导门体相对炮尾运动，开闩过程中压缩关闭弹簧存储能量，而后利用这部分能量关闩	开门板、开门手柄、曲柄、拉杆、开启杠杆、曲臂轴、曲臂、关闭杠杆、支筒、关闭弹簧	① 机构在时间和空间上互相配合，高度协调一致地工作，共同组成了一个复杂的机械系统 ② 零部件质量差异较大。如闩体的质量达60～70 kg，而装在闩体上的一些小部件的质量甚至不足 0.01 kg，这些小部件对整个系统动作的完成举足轻重，不能忽略
抽筒机构	与开关闩机构配合工作，在开闩过程中预抽筒，在开闩终了时抽出药筒以再次装填	左右抽筒子、左右抽筒子压栓、左右压栓簧、抽筒子轴	
挡弹机构	用于在输弹后防止弹丸坠地，在抽筒过程中还要配合抽筒机构完成抽筒	挡弹板轴、挡弹板、挡弹板拨动轴、扭簧	

续表

机构组成	主要功能	零部件组成	特点
击发复拨机构	用于在开闩时使击针形成待发，在关闩到位后释放击针打击底火，从而击发炮弹；当瞎火后还可拨回击针，再次击发	击针、回针簧、击针簧、拨动子、拨动子驻栓、拨动子轴、复拨器拨动子、发射握把、推杆、推杆簧	③ 零部件几何外形极不规则。由于要靠外廓来传递力和运动，许多零部件的外廓都比较复杂，如曲臂、复拨器拨动子、右抽筒子等 ④ 装配关系复杂。所有零部件均集中在炮尾和闩体上，彼此之间相切、相连、相抵或相碰
保险机构	用于确保在关闩未到位时不能击发	保险器杠杆及保险器杠杆轴	

2. 炮闩系统故障分析

炮闩系统由于其结构的复杂性决定了故障发生的多样性，而导致故障发生的零部件主要失效模式为疲劳、磨损、断裂、松动等，为了确定系统的潜在故障种类和模式，对系统的主要故障、失效模式及其影响进行分析研究。

依据炮闩系统结构组成、功能任务以及各机构和零部件的工作过程，结合系统所处工况环境，分析明确可能导致故障的全部零部件（组合）及其故障模式；对引发故障的原因、造成的局部和上一级影响进行分析，并确定相应的解决补偿方法；依据故障所导致的后果严重程度按照Ⅰ类即灾难性故障、Ⅱ类即致命性故障、Ⅲ类即临界故障、Ⅳ类即轻度故障 4 个等级进行定位，分析结果如表 6-2 所示。

表 6-2　故障模式与影响分析

序号	零件名称	功能	故障模式	故障原因	自身	对上一级	最终	检测方法	纠正措施	严酷度类别	概率等级
1	闩室	导引闩体运动	过脏或碰伤	使用不当	运动受阻	开、关闩困难	影响发射	目测	擦拭	Ⅳ	C

续表

序号	零件名称	功能	故障模式	故障原因	故障影响			检测方法	纠正措施	严酷度类别	概率等级
					自身	对上一级	最终				
2	曲柄轴、与曲柄曲臂轴与炮尾、轴孔	完成开闩动作	锈蚀（研伤）	化学腐蚀，保养不当	运动受阻	开闩困难	影响发射	目测、拆检	清理擦拭	Ⅳ	D
3	保险器杠杆轴	安装保险器杠杆	折断	设计缺陷	保险器失效	不能开关闩	影响发射	拆检	改进设计	Ⅱ	D
4	自动开闩板簧	顶开闩板靠向炮尾	弹性减弱	疲劳、调整不当	开闩板失效	不能自动开闩	影响发射	拆检	换件	Ⅲ	D
5	闩体镜面	抵制药筒位置	磨损	机械磨损	间隙过大	药筒膨胀不能开闩	影响发射	静态检查	提高耐磨性	Ⅲ	E
6	抽筒子内耳轴与闩体定型槽	限制闩体在开闩状态	磨损	机械磨损	不能固定闩体在开闩状态	自动关闩	影响发射	拆检	提高耐磨性	Ⅲ	D
7	抽筒子外耳轴与压栓接合处	限制闩体在开闩状态	磨损	机械磨损	不能固定闩体在开闩状态	自动关闩	影响发射	拆检	提高耐磨性	Ⅲ	D
8	开启机零件	完成自动开闩动作	磨损	机械磨损	开闩不到位	自动关闩	影响发射	拆检	提高耐磨性	Ⅲ	C
9	关闭杠杆滑轮与支筒	传递开关闩动作	磨损	机械磨损	关闭机失效	关闩困难	影响发射	拆检	提高耐磨性	Ⅲ	E
10	关闭杠杆滑轮轴	安装滑轮	磨损	机械磨损	关闭机失效	关闩不到位	影响发射	拆检	提高耐磨性	Ⅲ	E
11	关闩簧	储存关闩能量	弹性减弱	疲劳、调整不当	关闭机失效	关闩困难	影响发射	拆检		Ⅲ	D

续表

序号	零件名称	功能	故障模式	故障原因	故障影响			检测方法	纠正措施	严酷度类别	概率等级
					自身	对上一级	最终				
12	击发机零件	完成击发动作	磨损	机械磨损	击针不能呈待发状态	自动击发	发生事故	拆检	提高耐磨性	Ⅱ	C
13	推杆簧	储能	弹性减弱	疲劳	顶不动推杆	自动击发	发生事故	拆检		Ⅱ	C
14	防危板	防止射击时碰伤炮	变形、松动	撞击、使用不当	顶铁与推杆间隙消失	自动击发	发生事故	目测		Ⅱ	E
15	保险器弹簧	储能	弹性减弱	疲劳	击发装置不能处于保险状态	自动击发	发生事故	目测		Ⅱ	E
16	发射机零件	操纵击发	磨损	机械磨损	功能丧失	不能击发	不能发射	拆检	提高耐磨性	Ⅱ	E
17	保险器杠杆与曲臂上端	解脱击发保险	磨损	机械磨损	功能丧失	不能击发	不能发射	拆检	提高耐磨性	Ⅱ	D
18	闭锁装置零件	闭锁炮膛	磨损	机械磨损	闩体下垂量过大	不发火	不能发射	拆检	提高耐磨性	Ⅱ	E
19	击针尖	击发底火	折断	工艺缺陷	功能丧失	不发火	不能发射	拆检	提高耐磨性	Ⅱ	D
20	击针簧	储存击发能量	弹性减弱	疲劳	功能丧失	不发火	不能发射	拆检		Ⅱ	D
21	挡弹板螺钉	固定挡弹板	松动	维修不当	突出	影响抽筒	影响发射	目测	点铆	Ⅲ	D
22	抽筒子爪	抽出药筒	折断	工艺缺陷、材料缺陷	功能丧失	不能抽筒	影响发射	拆检	改进材料、工艺	Ⅲ	C

续表

序号	零件名称	功能	故障模式	故障原因	故障影响			检测方法	纠正措施	严酷度类别	概率等级
					自身	对上一级	最终				
23	挡弹板支臂与拨动轴支臂	压下挡弹板	磨损	机械磨损	挡弹板抬起过早	阻挡抽筒	影响发射	拆检	提高耐磨性	Ⅲ	C
24	挡弹板顶簧	顶挡弹板向上抬起	弹性减弱	疲劳	挡弹板不抬起	弹丸坠地	影响发射	拆检		Ⅲ	E
25	挡弹板与挡弹板轴	挡弹	过脏	结构缺陷、保养不当	挡弹板不抬起	弹丸坠地	影响发射	目测	结构构造	Ⅲ	D
26	挡弹板拨动轴杠杆扭簧	使拨动轴复位	弹性减弱	疲劳	功能丧失	不能抽筒	影响发射	拆检		Ⅲ	D

6.1.2 炮闩系统试验台

任何装备的性能测试、评价都需要试验的支撑，而试验的开展需要投入一定的人力、物力，火炮装备试验亦是如此，尤其是实弹射击试验，由于消耗性大，试验经费急剧上升。若试验是对火炮的每一个系统同步进行的，那么其试验的价值是存在的，其意义也很大。但实际试验往往是针对特定的几个系统，甚至只是单个系统的性能测试开展的。因此，若只是为了测试炮闩系统的性能而开展实弹射击试验，其试验效费比将会大幅降低。本项目结合本单位已有的炮闩系统试验台，对其进行性能退化试验。

1. 试验台零部件性能指标

关闩装置中，选取的自动推杆供电电压为直流 24 V，最大推力 100 kg，推动速度为 10 mm/s，如图 6−1（a）所示；开闩装置中，机械加工的单个质量块重 15.2 kg 左右，如图 6-1（b）所示；液压系统采用北京华德液压生产的液压阀，其阀体组合如图 6-1（c）所示，具体型号和性能参数见表 6-3；控制系统采用艾默生 EC10-1410BRA 型可编程控制器，如图 6-1（d）所示。

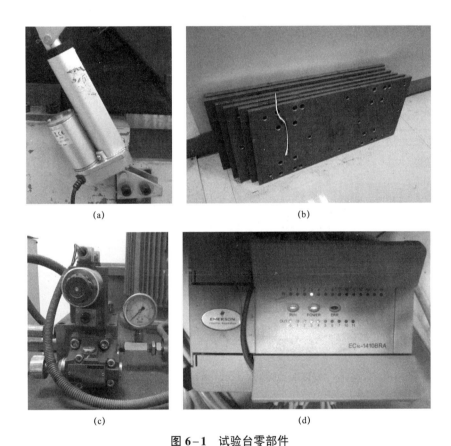

(a)　　　　　　　　　　　　(b)

(c)　　　　　　　　　　　　(d)

图 6-1　试验台零部件

（a）自动推杆；（b）质量块；（c）阀体组合；（d）可编程控制器

表 6-3　阀类元件选型

元件名称	型号	通径/mm	最大流量/（L·min⁻¹）	最高工作压力/MPa
先导式溢流阀	DB10-1-50B/100	10	250	10

续表

元件名称	型号	通径/mm	最大流量/ (L·min⁻¹)	最高工作压力/ MPa
叠加式双单向节流阀（进口节流）	Z2FS10-20/	10	160	31.5
电磁换向阀	4WZ10G31B/CG24NZ5L	10	120	31.5

2. 试验台建立

1）物理样机

经过机械加工、装配、电路连接、调试完成了炮闩系统强化试验台各装置实物的建立、装置间的连接以及整个试验台的控制和试运行，试验台中的炮闩系统取自现役火炮，试验台各装置和机构实物如图 6-2 所示。

图 6-2　炮闩系统试验台

2）工作过程分析

炮闩系统试验台主要是在实现炮闩系统开、关闩基础上，达到对系统零部件开展试验的目的，其工作模式有点动和连动两种，具体动作过程主要分为开闩过程、关闩过程和恢复过程。在控制测试装置控制下，由开闩装置与关闩装置完成。

（1）开闩过程。通过控制装置接通电源，液压泵开始转动，而后启动开闩程序，在液压阀通路后，液压泵将油液送入液压缸中，推动活塞杆向前运动，经开闩装置传动机构传动，使开闩机构的负载滑台开始动作。负载滑台经推动加速到液压流速所能达到的速度后保持恒定，其前端开闩板向前运动并撞击曲柄进行开闩，直到打开闩体，系统呈开闩状态。此时，开闩板与曲柄分离，负载滑台会继续向前运动，触碰到前限位开关后停止运动，开闩过程结束。在液压推动开闩过程中，可以通过调节液压系统的流速和压力，改变推动速度及推动力；通过增减开闩装置负载平台中的质量块来改变推动质量。

（2）关闩过程。负载滑台在开闩末了触碰到前限位开关停止运动，同时通过控制装置启动关闩程序，使关闩装置动作，自动推杆伸出推动关闩转把，带动炮闩系统关闩机构关闭闩体，关闩过程结束。由于开闩状态下，曲柄圆弧顶端要高于开闩板下端面，此时若直接执行开闩装置恢复过程，开闩板将会撞击到曲柄，导致开闩机构无法后退而卡住，液压推力在瞬间达到极值，零件间相互作用力增加，易造成装置的损坏，甚至发生事故，因此，必须在恢复过程前先关闭闩体。

（3）恢复过程。关闩到位后，启动关闩装置恢复程序，自动推杆收回；而后控制液压阀换向，活塞杆在液压油作用下反向运动，即开始后退，通过传动机构带动负载滑台沿滑轨后退，直至触碰到后限位开关后停止运动，回到初始状态，准备第二次开闩，恢复过程结束。恢复过程是推动过程的逆过程，该过程动作简单，对试验台要求低，只需要开闩机构和传动机构动作顺利即可。在恢复过程中，开闩板在曲柄上端斜面导引下水平向外摆动而与曲柄错开，以保证开闩部分顺利恢复到试验初始状态。

以上三个过程中，推动开闩和关闩是试验台的主要动作，在进行试验时，通过调节液压系统流速、压力和增减负载平台中的质量块，以达到最佳的试验效果。恢复过程中开闩装置的运行速度是影响试验进程的主要因素，因此，可以依据试验时间，调整液压流速改变其恢复所需的时间，这也是在液压设计时采用双向节流阀的原因所在。

3）工作模式

试验台工作模式分点动和连动两种，点动模式用于在开展连动试验前进行安全测试，以及在连续运行过程中急停和中断后，点动调节开闸机构和关闸机构的位置。PLC 控制程序梯形图如图 6-3 所示。图中开关量信号输入端子：X0 为点动开闸开关，X1 为点动开闸恢复开关，X2 为前限位开关，X3 为后限位开关，X5 为点动和连动模式切换开关，X6 为点动关闸开关，X7 为点动关闸恢复开关。控制输出端子：Y0 为活塞杆伸出，Y1 为活塞杆收回，Y2 为自动推杆伸出，Y3 为自动推杆收回。另外，T0 为自动推杆伸出时间控制开关，T1 为自动推杆收回时刻控制开关，T2 为自动推杆总动作时间控制开关，M0、M1、M2、M3、M4、M5、M6、M7 为中间指令。

PLC 控制程序中进行了点动和连动互锁，以及点动模式下各开关之间的互锁设置，从根本上保证了试验台在单一模式下或单个动作下的操作安全。

自动推杆的伸出长度最大为 90 mm，在保证推杆长期有效工作前提下，使其动作过程中伸出长度留有 15 mm 的余量。因此，关闸行程即 75 mm。由于自动推杆电动机转速恒定，其伸出速度一定，故推杆伸出推关闸转把进行关闸的时间是确定的，关闸完成后，推杆开始收回，所需时间与伸出时间基本一致。在 PLC 编程控制关闸时间和恢复时间时，时间设定为 7.5 s，整个动作时间为 15 s。

4）测试系统

试验台冲击开闸过程中，闸体位移的测量采用电位器式位移传感器，负载滑台的动态特性（位移和速度）测量采用激光传感器，如图 6-4 所示。

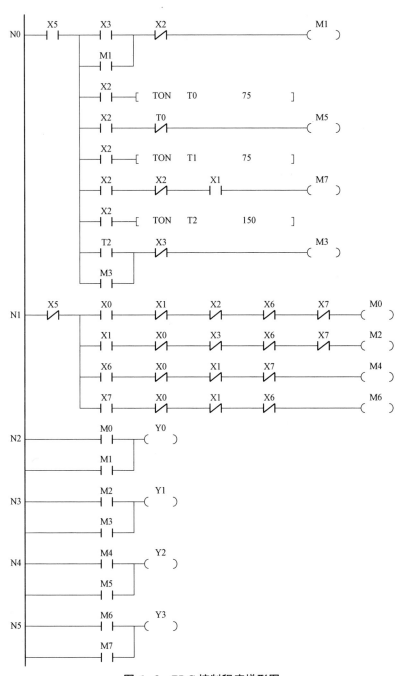

图 6-3　PLC 控制程序梯形图

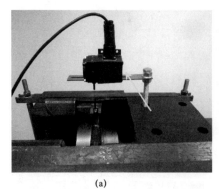 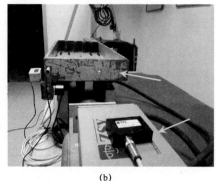

(a)　　　　　　　　　　　　　　(b)

图 6-4　动态测试

（a）闩体测试；（b）负载滑台测试

　　电位器式位移传感器测试原理如图 6-5 所示。该测试系统由电位器式位移传感器、直流电源、信号调理器及数据采集系统组成。传感器型号为PT1DC，其量程为 50 in[①]，灵敏度为 3.937 0 mV/mm，传感器本体与炮尾通过夹具固定连接，线头与闩体提把连接。

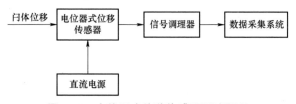

图 6-5　电位器式位移传感器测试原理

　　数据采集系统将测试数据传递给计算机。激光传感器型号为 ZLDS100，其量程为 1 510 mm，采样频率 9.4 kHz，波长为 660 nm，在直流电源供电下，直接通过数据线与计算机连接。测试控制通过计算机安装的测试软件来实现。

6.1.3　基于微观分析的磨损失效机理研究

　　目前，关于炮闩系统零部件磨损的研究文献，主要是磨损导致的系统

---

① 1 in=25.4 mm。

故障分析、磨损寿命估算等；但对于火炮射击等特定工况下磨损失效机理，没有从根本上进行深入分析。因此，本节从磨损所造成零部件的表面形貌、微观组织变化等微观角度来分析其失效机理。以导致炮闩系统故障、磨损较严重的挡弹板轴为主要研究对象，结合其所在挡弹机构工作原理，基于摩擦磨损理论，借鉴磨损微观分析方法，研究磨损零部件微观形貌和组织特征，从微观尺度探索系统磨损零部件的失效机理和规律，并分析其内在联系，从而为可靠性评估奠定基础。

1. 磨损失效理论分析

1）工作原理

火炮炮闩系统挡弹机构组成及挡弹板轴支臂与拨动轴支臂作用过程如图 6-6 所示。挡弹机构用于在大射角时防止弹丸坠地，故自然状态下挡弹板处于抬起状态，且挡弹板轴支臂与拨动轴支臂间有一定距离。当火炮射击完成后，药筒只有在挡弹板处于压下状态才能被抽出。具体动作过程为：挡弹板、挡弹板轴、压筒和顶簧下降，当挡弹板轴支臂与拨动轴支臂发生碰撞后，受挡弹板拨动轴支臂不动的限制，挡弹板轴发生转动，带动挡弹板转动，挡弹板被压下，顶簧压缩，药筒在抽筒机构作用下被抽出；之后，挡弹板轴继续下降，两支臂脱离接触，挡弹板在顶簧和压筒作用下重新抬起。多次动作后，支臂累积磨损导致挡弹板压下延迟、抬起提前，造成药筒无法抽出故障。

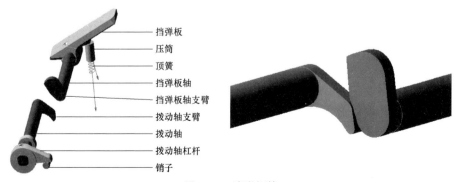

挡弹板
压筒
顶簧
挡弹板轴
挡弹板轴支臂
拨动轴支臂
拨动轴
拨动轴杠杆
销子

图 6-6　挡弹机构

2）应力分析

将炮闩系统实体模型导入有限元软件建立有限元模型，对支臂相互作用过程进行显式动力学分析。通过分析，得到挡弹板轴不同时刻等效应力分布，图 6-7 所示为 $t=0.002\,3\,s$ 时刻应力分布。在支臂表面沿滑动方向等间隔选取 10 个节点，依据有限元分析结果得到表面各节点最大等效应力分布曲线，如图 6-8 所示。

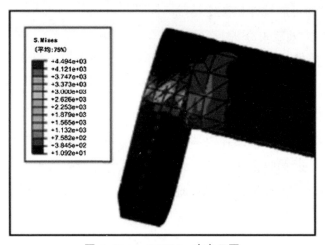

图 6-7　$t=0.002\,3\,s$ 应力云图

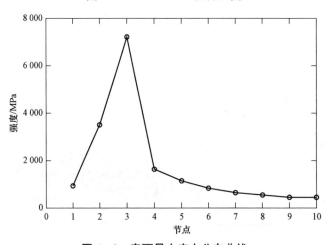

图 6-8　表面最大应力分布曲线

图 6-8 显示,节点 1~5 的最大等效应力大于零件所用材料的强度极限 835 MPa,且节点 2 和 3 的应力远远超过了该极限,说明节点所在区域易产生严重剥落和塑性变形;节点 6 的最大等效应力小于强度极限,大于屈服强度 685 MPa,说明节点附近区域会发生塑性变形;节点 7~10 最大等效应力小于屈服强度,且变化趋于平缓。

2. 磨损分析试样制备

挡弹板轴所用材料为合金结构钢,其牌号为 PCrMo,部分元素成分含量见表 6-4。为了分析挡弹板轴支臂磨损后表面形貌和微观组织与未磨损前的变化和差异,分别从磨损区域和未磨损区域取样。由于机械切割往往会引起试样塑性变形和表面氧化,故本书采用电腐蚀线切割技术来避免干扰试验结果。对于用以分析磨损表面形貌的试样经清洗即可;对于用以研究结构组织的试样则需研磨、抛光、侵蚀,最终得到的分析试样如图 6-9 所示。其中,试样 1 用以观察沿滑动方向表面磨损形貌变化,试样 2 用以研究磨损区域和未磨损区域所对应的剖面微观组织变化。

表 6-4　PCrMo 成分含量

元素	C	Si	Mn	Cr	Ni	Mo	Cu	P	S
含量/%	0.32~0.40	0.17~0.37	0.25~0.50	0.9~1.3	≤0.5	0.2~0.3	≤0.2	≤0.025	≤0.025

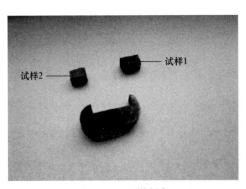

图 6-9　试样制备

完成取样后，对试样表面和剖面首先采用维氏显微硬度计测量硬度（载荷 300 g，加载时间 15 s）；用扫描电镜观察试样表面形貌和剖面的组织结构（加速电压为 20 kV），并进行微观分析。

3. **试样表面特性分析**

1）硬度分析

测试挡弹板轴支臂的维氏硬度，研究其硬度分布规律。使用维氏显微硬度计分别对试样 1 表面的磨损区域和试样 2 的未磨损区域进行表面宏观硬度测定。由于未磨损区域表面有磷化层，会影响与磨损表面硬度对比，故在测定硬度前将未磨损区域去除磷化层，且硬度测量时在平行于运动方向上等间隔取点进行测试，测得的硬度值见表 6-5。

表 6-5　试样表面硬度（HV）

测试表面	1	2	3	4	5	6	7
磨损区域	564.2	550.1	557.1	529.9	560.6	564.2	560.6
未磨损区域	459.3	459.3	451.2	462.0	455.7	462.0	462.0

从测得的硬度数据可以看出，支臂表面未磨损区域的维氏硬度变化范围较小，考虑仪器和操作误差等原因，可以认为硬度分布有较好的一致性，且其硬度值在设计说明书规定的范围内。与未磨损区域硬度相比，磨损区域硬度明显增大。因此，结合之前表面应力分析，可以判定零件间碰撞力和摩擦力导致表面金属层塑性变形，进而造成加工硬化。

2）形貌分析

按照磨损先后，利用扫描电镜对磨损表面进行观察，其表面形貌如图 6-10 所示。

其中，图 6-10（b）、图 6-10（d）、图 6-10（f）分别为图 6-10（a）、图 6-10（c）、图 6-10（e）矩形区域在电镜放大到 1 000 倍时的图像。从图 6-10 可以看出，试样表面磨损形式主要有剥落、犁沟、孔洞，形成的犁沟和流线状条纹与零件相对运动方向一致，并且表面材料大块剥落而形

成了凹坑，材料的表层和亚表层已被磨损，表面粗糙不平。在表面上可以
看到嵌入表面的磨屑，以及黏附于表面的块状磨屑，如图中黑色线圈所包
括区域。具体分析如下。

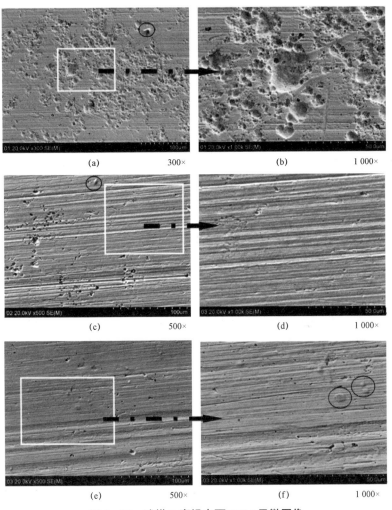

图 6-10　试样 1 磨损表面 SEM 显微图像

　　从图 6-10（a）和图 6-10（b）中不难看出，该区域表面出现连续的
成片剥落和划痕。由于零件即使经过精加工，从微观上看其表面仍然是凸
凹不平的，因此，当两个零件相互作用时，两个表面间实际上发生相互接

触的只有少数较高的微凸体。在挡弹板轴支臂与拨动轴支臂相互作用过程中，由于该区域为初始接触区，受到的冲击力最大，表面应力超过了强度极限，同时在滑动所产生的摩擦力作用下，表面受到反复的拉应力作用而产生点剥落或片状剥落，进而形成大小不一的凹坑。同时，表面会产生与滑动方向一致的轻微划痕。

从图 6-10（c）和图 6-10（d）中不难看出，在该区域内，沿着挡弹板轴支臂相对滑动方向其表面布满了平行的细长划痕；与图 6-10（a）所示区域相比没有连绵的剥落区域出现，而是分散的小片剥落，但划痕明显且增多，密集的划痕说明在磨损过程中存在严重的犁削现象，这些平行沟槽为磨粒磨损的主要特征。磨损颗粒对材料主要起切削作用，如果磨料尖锐，它对塑性材料的磨损表现为连续的切削，使零件表面呈现多条沟槽；如果磨料颗粒较钝易产生犁沟现象，大部分金属向沟槽侧面隆起，而不是分离脱落。该区域接触应力小于材料强度极限，故未出现大片剥落；而在前期磨损区域剥落产生的大量磨屑以及接触压力共同作用下，致使该区域磨粒磨损严重。

从图 6-10（e）和图 6-10（f）中不难看出，在该区域，剥落仅为零星的点，且划痕少而浅，但比较宽。这是由于该区域表面接触应力变化平缓，且小于材料屈服强度，不会直接造成表面损伤；而前期磨损产生粒径小的磨粒对表面损伤也很小，只有粒径大的磨屑会增加表面压力，造成较大的损伤，且为明显的宽大划痕和宽的犁沟。

依据挡弹板轴支臂试样磨损表面形貌分布及上述分析，可以将其划分为初始磨损、中间磨损、末端磨损三个区域，分别对应 A、B、C，如图 6-11 所示。

总之，沿着零件相对滑动方向，零件表面剥落呈现规律及特点为：由初始磨损的连续成片剥落，到中间磨损的分散剥落，再到末端磨损的零星的点剥落；剥落所形成的凹坑数量也逐渐减少，凹坑直径减小，在磨损末端区域的点剥落在高倍下才能观察到。表面划痕呈现规律及特点为：初始磨损区域划痕少而浅，到中间磨损区域划痕多而深，再到末端磨损划痕少而宽。初始磨损区域以冲击滑动耦合磨损为主，中间和末端磨损区域以磨粒磨损为主，且磨粒越大、数量越多、硬度越大，对表面造成的损伤越严重。

4. 试样截面特性分析

依据零件表面磨损与否，将试样 2 划分为两个区域——未磨损区域和磨损区域，所对应的剖面如图 6-12 中 A 和 B 所示。

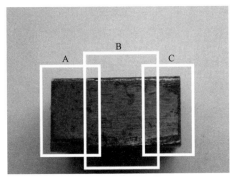

图 6-11　试样 1 区域划分

图 6-12　试样 2 区域划分

1）硬度分析

对试样 2 剖面 A 区域和 B 区域分别沿表面向下等间隔取点进行测试，测得 7 个点的硬度值，见表 6-6。

表 6-6　试样 2 剖面硬度（HV）

测试区域	1	2	3	4	5	6	7
磨损区域表面	464.7	472.8	467.4	464.0	472.8	462.0	459.3
未磨损区域表面	489.8	492.7	475.6	464.7	467.4	470.1	455.7

由表 6-6 表可得，挡弹板轴支臂未磨损区域剖面硬度在459.3～472.8，考虑仪器和操作误差等原因，可以近似认为硬度分布有较好的一致性；而磨损区域剖面硬度在 455.7～492.7，靠近表面区域硬度较大，向下逐渐趋于稳定，由此可以推断表层金属发生了塑性变形，层与层间隙变小，进而导致剖面硬度增加。

2）组织分析

利用扫描电镜观察靠近表面的剖面各区域组织，得到如图 6-13 所示的显微图像。在 500 倍下，观察未磨损区域剖面时，由于组织细密看不出其结构，如图 6-13（a）所示。因此，将倍数放大为 2 000，如图 6-13（b）所示。通过观察，未磨损区域剖面组织为回火索氏体，组织结构均匀，与火炮金相图谱是一致的；而磨损面所对应的剖面组织结构同样很均匀，看不出位置上的变化，但是剖面出现了裂纹，如图 6-13（c）所示，表明磨损区域在表面受力的作用下，其深层微观结构组织也发生了变化。此外，对比图 6-13（b）和图 6-13（c）可以看出，在同等放大倍数下，图 6-13（b）中的组织结构更清晰，由此说明图 6-13（c）单位面积内组织增多，即组织更细密，这也进一步验证了磨损表面受冲击后金属层在纵向上出现塑性变形。

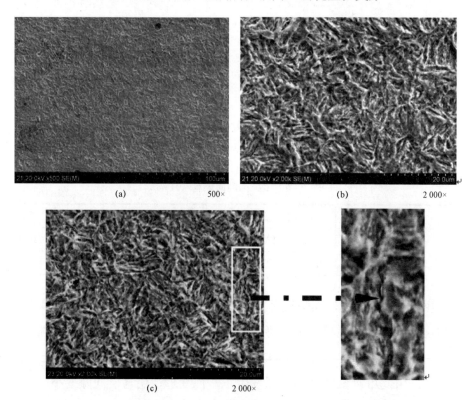

（a）　　　　500×　　　　　　　　（b）　　　　2 000×

（c）　　　　2 000×

图 6-13　试样 2 剖面的 SEM 显微图像

5. 磨损失效机理分析

通过以上对挡弹板轴支臂磨损表面形貌和成分、剖面组织结构以及硬度的分析，得到以下结论：

（1）磨损表面由于碰撞力及摩擦力的作用造成金属层的塑性变形，其表面和表层剖面硬度增大，出现加工硬化。

（2）依据表面形貌可将磨损区域划分为以剥落为主的初始磨损区、以切削为主的中间磨损区和磨损较轻的末端磨损区。

（3）磨损失效机理为：以冲击滑动耦合磨损和磨粒磨损为主的磨损机制最终导致零件失效。

6.2 基于性能退化的火力系统关重件可靠性鉴定仿真试验设计

随着多体动力学、计算机技术和软件工程等学科的发展，虚拟样机技术（Virtual Prototype Technology）作为当前机械设计制造领域的一门新技术，代表了机械系统设计制造的新模式。利用虚拟样机技术可以取代物理样机，降低开发成本和周期，提高设计质量。基于 ADAMS 仿真平台，通过建造自行火炮虚拟样机，可以在虚拟环境中真实地模拟自行火炮的发射状况，并对其在各种工况下的运动、受力及振动进行仿真分析，研究各关重件的动态特性。通过动力学仿真，获得各构件载荷谱，结合有限元及疲劳寿命分析软件，可以对关重件进行寿命预测分析。

6.2.1 火力系统虚拟样机模型

1. 三维实体模型建立

三维实体建模是虚拟样机建模的第一步，也是虚拟样机建立的基础。

由于火力系统结构非常复杂，在动力学仿真软件 ADAMS 中完成零件的造型任务会很艰巨，主要原因是 ADAMS 实体建模还不够专业，外形复杂的零件模型的建立相当有难度。因此，为了减小工作量，可以借助其他比较专业的三维 CAD 造型软件来建立大小不等、形状复杂的零部件实体模型，并完成较精确的装配。本书采用具有参数化设计、特征造型等特性的 CAD 软件 Pro/E 完成全部实体建模和装配工作。

1）零部件建模

零件建模与实际零件制造过程相似，像打孔、倒角、切割等在建模过程中常用的操作也都是实际生产零件中用到的造型手段。可以说零件建模过程就是依据二维图纸"生产"零件的过程。因此，在 Pro/E 软件环境下，三维建模应该严格按照设计构思或者前期图纸为依据进行，尽量保持三维图形数据的完整和正确性。三维实体建模是整个虚拟样机实现仿真的基础，而实体建模最重要最基本的就是二维图形的绘制，绘制图形是以读懂图纸为前提的。这里所说的读懂图纸是指能够从二维视图上抓取建模的特征，准确抓取特征是高效完成实体建模的关键。因此，进行零件建模前，一般应进行深入的特征分析，搞清楚零件由哪几个特征组成，明确各个特征的形状、之间的相对位置和表面连接关系，按照特征的主次和一定的顺序进行建模。通过 Pro/E 建立的部分零部件模型如图 6-14 所示。

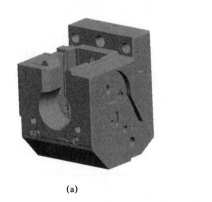

(a) (b)

图 6-14 部分零部件模型

（a）炮尾；（b）闩体

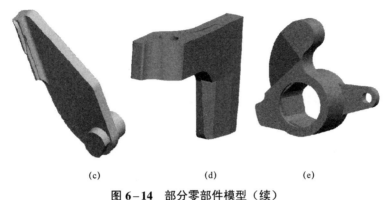

（c）　　　　　　　　　　（d）　　　　　　　　　　（e）

图 6-14　部分零部件模型（续）

（c）右抽筒子；（d）开闩板；（e）曲柄

2）零件装配

在完成零件实体建模后，依据物理样机进行组装。按照各部件上的零件分别装配。在 Pro/E 中并没有将弹簧和扭簧计算在内，这是由于在 ADAMS 中弹簧和扭簧作为两个体间的柔性连接载荷可以直接施加，在建模时可以不用建立。

实际上，零件装配的过程可以说就是整个组件分解后结合的过程。当然，在计算机中的装配要相对容易些，而且可以随时方便地更改，不会像实际操作那样费时费力，这也充分体现了计算机技术在样机建模上的优势。

至此，完成了整体模型的建立。三维实体建模是虚拟样机建立的第一步，但应从整个虚拟样机的建立全局去完成，而不是单一地去建立起视觉上的模型。例如，在零件建模和装配时要与 ADAMS 中使用的单位制保持一致，否则，在通过 ADAMS 与 Pro/E 之间的无缝接口模块 Mechanism/Pro（M/Pro）导入 ADAMS 中时会出现错误，导致工作无法进行下去；而且要在导入 ADAMS 之前，设置好零件的材料密度等物理属性，如果等到在 ADAMS 中设定就会很麻烦。因此，能在 Pro/E 中完成的工作尽量不要放到之后的虚拟样机建模操作中。

3）模型转换与简化

火力系统实体模型建立后，需要将模型转换到 ADAMS 中，Pro/E 中建立好的装配模型导入到 ADAMS 中的方式主要有两种：

第一种方法是利用无缝接口模块 M/Pro 将 Pro/E 模型导入 ADAMS，这是最常用的方式。在 Pro/E 中赋予的密度等材料特性可以继承到 ADAMS 中，并自动获得构件的质心位置、质量和转动惯量，它能够非常好地保持模型的物理特性和几何特性，便于虚拟样机的建模。但是导入 ADAMS 后实体的文件类型为 shell 类型，使得在实体碰撞过程中计算机检测碰撞的工作量增加，其直接后果是计算量增大，并且在计算过程中易产生奇异矩阵，造成计算失败或者计算结果不符合实际情况。

第二种方法是将 Pro/E 模型保存成中间格式，一般选取 Parasolid 类型，然后再利用 ADAMS 中的 File/Import 功能将保存成中间格式的文件导入 ADAMS。此时零件的文件类型是 Solid 型，这有利于实体碰撞的检测和计算；其缺点是导入后有的模型不能很好地保持原有的物理属性和几何特性，严重时会使零件模型仅有壳体，没有质量属性，并且 ADAMS 不能对其进行计算。

本书采用以上两种方法结合的方式进行导入，首先利用第一种方法将模型中的部件都导入 ADAMS 中，但其中有一些部件结构比较复杂，通过在导入时生成的 slp 文件判断出哪些文件导入失败，在导入的 ADAMS 模型中找到这些文件并将其删除，然后将这些零件利用第二种方法转换成中间格式的 Parasolid 文件，再输入 ADAMS 中。

由于火力系统零件较多，若把所有零件都设为单独的刚体，则模型中的约束关系就会增多，尤其体现在刚体间的固定约束上，必然会增加建模的复杂程度以及仿真计算所需的内存和时间，虚拟样机仿真分析的优势便不能充分发挥。因此，在模型导入 ADAMS 之前，需要对模型进行简化，将运动关系一致又不会影响整个机构或系统动作的构件合并为一个刚体，如闭锁装置中的曲臂、曲柄、曲臂轴以及开启杠杆就可以合并为一个刚体。

2. 多体动力学模型

1）拓扑关系研究

通过对机构和零部件运动的分析，可以得到模型中两个体之间的运动关系有转动、移动、固定、接触以及弹簧力和扭簧力等。

在 ADAMS 中定义转动、移动、固定等形式的约束时，只要与实际物理样机相符即可。由于约束直接与构件自由度相关，不同形式的约束所限制的自由度个数不同。在定义约束时一定要注意基本副与低副的结合使用，避免出现冗余约束导致计算出错。

接触在 ADAMS 中是作为一种载荷方式来施加的，很容易将它看成一种约束。在以前的 ADAMS 版本中，接触的定义仅限点、线、面以及球体间的接触；在 ADAMS 较新的版本中增加了体与体间的接触，这样使两构件间的接触定义方便很多，但方便的同时必须面对的是仿真计算的复杂程度增加。由于体与体间的接触，软件会时刻监测体与体间的位置关系，这样就增加了计算的时间和内存空间，降低了仿真效率，对于简单的模型来说没有多大影响，而对于一个复杂的系统来说仿真时间会成倍增长。因此，对于体与体间的接触需要多加考虑，可以用点线、点面等简单接触来代替的就无须用体与体的接触，这样也有可能会增加构件间的接触力个数。在自由度计算中，接触与构件自由度无关，不会限制构件的自由度。

体与体间的弹簧作用力和扭簧作用力的施加也与构件自由度无关。

火力系统中炮闩拓扑关系以及火力系统总拓扑关系如图 6-15 所示。图中每两个构件之间的约束关系或接触载荷标于双箭头中间，主要包括 7 种形式，其中 C 表示碰撞接触，F 表示固定约束，T 表示移动副，R 表示转动副，s 表示弹簧，B 表示阻尼器，P 表示平行轴约束。

2）接触模型

火力系统零部件众多，结构复杂，主要通过接触实现机构协同工作。因此，如何处理建模和仿真时的接触问题是建立虚拟样机模型的关键。

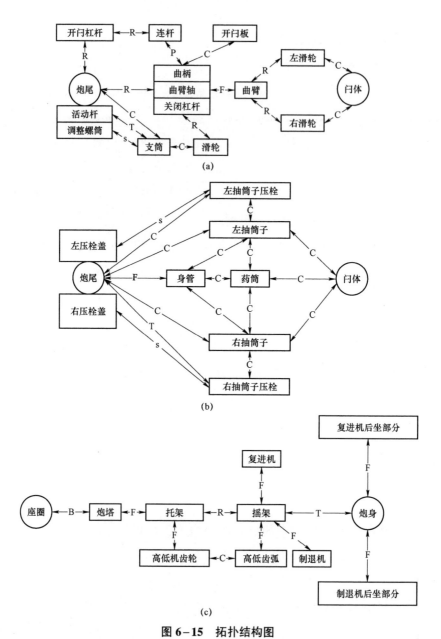

图 6-15 拓扑结构图

(a) 开关闩机构;(b) 抽筒机构;(c) 火力部分

根据实际的接触情况,接触有碰撞接触(Intermittent Contact)和持续接触(Persistent Contact)两种。在 ADAMS 中这两种情况分别由碰撞函数模型（Impact Function Model）和泊松模型（Poisson Model）两种数学模型描述，并用罚函数法计算它们的法向接触力。当接触发生时，在接触面间引入法向接触力，即罚函数值，其大小与渗透量和物体刚度成正比，限制节点对接触面的渗透，以满足非穿透性条件。一般接触力不仅只有法向力，还有由接触产生的摩擦力。如果系统的接触摩擦不可忽略，则用 Coulomb 摩擦定律计算切向摩擦力。

对于 Impact Function Model，根据 Dubosky 弹簧－阻尼接触铰理论，法向接触力为

$$F_n = k \cdot g^e + c \frac{\mathrm{d}g}{\mathrm{d}t} \tag{6-1}$$

$$c = step(g, 0, 0, D_{max}, C_{max}) \tag{6-2}$$

式中，k 为罚因子，即接触刚度；e 为非线性系数；g 为接触体的渗透量；c 为阻尼系数，按式（6-2）计算；$step(\cdot)$ 为三次多项式逼近海维赛阶梯函数；g 为某时刻两接触面间的渗透量；D_{max} 为用户设定的最大渗透量；C_{max} 为阻尼系数的全值，其大小按材料特性选定。

当 $k \to \infty$ 时接触体间能充分满足非穿透条件，但 k 值过大会引起动力学方程病态从而无法求解，通常应根据接触体的材料刚度和几何形状等因素确定接触刚度 k 和 e。ADAMS 帮助文档中提供了几种材料的接触参数可供参考，一般情况下可以通过有限元计算来确定。

对于泊松模型，法向接触力为

$$F_n = k \cdot \left[\left(\frac{\mathrm{d}g}{\mathrm{d}t} \right)_+ - \left(\frac{\mathrm{d}g}{\mathrm{d}t} \right)_- \right] \tag{6-3}$$

式中，$(\mathrm{d}g/\mathrm{d}t)_+$ 和 $(\mathrm{d}g/\mathrm{d}t)_-$ 分别为接触开始时和结束时的渗透速度。

为了避免因 k 过大引起方程病态，在迭代计算中引入拉格朗日乘子 λ，式（6-3）可改写为

$$F_n^{(j)} = \lambda^{(j)} + k \frac{\mathrm{d}g}{\mathrm{d}t}^{(j)} \qquad (j = 1, 2, \cdots, j_{max}) \tag{6-4}$$

式中，j 为接触过程中的迭代次数，且满足

$$\begin{cases} \lambda^{(1)} = 0, & j = 1 \\ \lambda^{(j)} = F_n^{(j-1)}, & j > 1 \end{cases} \tag{6-5}$$

3）摩擦力模型

ADAMS 中摩擦力模型一般采用 Coulomb 摩擦定律，即

$$F_f = \mu \cdot F_n \tag{6-6}$$

式中，F_n 为法向作用力；μ 为摩擦系数，且 μ 由下式确定：

$$\mu = \begin{cases} \mu_d, & v > v_d \\ step(v, v_x, \mu_s, v_d, \mu_d), & v_s < v \leqslant v_d \\ step(v, 0, 0, v_s, \mu_s), & 0 \leqslant v \leqslant v_s \end{cases} \tag{6-7}$$

式中，μ_s 为静摩擦系数；μ_d 为动摩擦系数；v_x 为发生静摩擦的最大相对滑动速度；v_d 为发生动摩擦的最小滑动速度。

4）弹簧模型

弹簧分两类：拉压弹簧和扭转弹簧。在 ADAMS 中力学模型如下定义：

拉压弹簧

$$F = -K(l - l_0) - C\frac{\mathrm{d}l}{\mathrm{d}t} + F_0 \tag{6-8}$$

扭转弹簧

$$T = -K_T(\theta - \theta_0) - C_T\frac{\mathrm{d}\theta}{\mathrm{d}t} + T_0 \tag{6-9}$$

式中，F，F_0，T，T_0 分别为当前及初始广义弹簧力；K，K_T 为广义弹簧刚度；l，l_0，θ，θ_0 为广义的弹簧当前及初始长度；C，C_T 为广义弹簧阻尼系数。

5）阻尼器

阻尼器实际上是一个六分量的弹簧结构，可以指定沿参考点的坐标轴上的刚度系数 k_{ii} 和三个旋转阻尼系数 C_{ii} 及预载荷，系统将按下式计算作用力和作用力矩：

$$
\begin{bmatrix} F_x \\ F_y \\ F_z \\ T_x \\ T_y \\ T_z \end{bmatrix} = -\begin{pmatrix} k_{11} & & & & & \\ & k_{22} & & & & \\ & & k_{33} & & & \\ & & & k_{44} & & \\ & & & & k_{55} & \\ & & & & & k_{66} \end{pmatrix} \begin{bmatrix} x \\ y \\ z \\ \theta_x \\ \theta_y \\ \theta_z \end{bmatrix} -
$$

$$
\begin{pmatrix} C_{11} & & & & & \\ & C_{22} & & & & \\ & & C_{33} & & & \\ & & & C_{44} & & \\ & & & & C_{55} & \\ & & & & & C_{66} \end{pmatrix} \begin{bmatrix} v_x \\ v_y \\ v_z \\ \omega_x \\ \omega_y \\ \omega_z \end{bmatrix} + \begin{bmatrix} f_{x0} \\ f_{y0} \\ f_{z0} \\ t_{x0} \\ t_{y0} \\ t_{z0} \end{bmatrix}
$$

$$(6-10)$$

式中，x，y，z 分别为第一个构件上的 I-Maker 坐标系相对于第二个构件上的 J-Maker 坐标系的相对位移；θ_x，θ_y，θ_z 分别为 I-Maker 坐标系相对于 J-Maker 坐标系的相对角位移；v_i 和 ω_i 分别为 I-Maker 相对于 J-Maker 的相对速度和相对角速度；f_{i0} 和 t_{i0} 是预载荷。

3. 火力系统力学模型

火力系统各机构的大部分动作是在整个火炮的发射过程中完成的，后坐部分的运动主要源于火药气体的作用，并在反后坐装置的调节下后坐和复进。在对火力系统进行研究时，其运动规律取决于火力系统的作用力。

火炮射击是一个复杂的物理化学过程，在弹丸向前运动的同时，火炮后坐部分在火药气体作用下产生后坐运动；后坐结束后，在复进机力的作用下，复进到位（期间有开闩过程），为下一次射击做准备。火炮发射时后坐部分受力分析如图 6-16 所示。其中，$\bar{v}$ 为后坐速度；F_{pt} 为炮膛合力，即后坐运动的主动力，方向向后；Q 为后坐部分重力；ϕ_0 为液压阻力，与运动方向相反；F_f 为复进机力，即后坐运动的约束反力，复进运动的主动力；F 为反后坐装置紧塞具与制退杆或复进杆之间的摩擦力，方向与运动方向相反；F_T 为炮身与摇架滑板之间的摩擦力，方向与后坐部分运动方向相反；N 为摇架滑板对炮身的正压力；φ 为火炮射角。

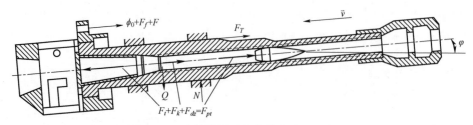

图 6-16　火炮发射过程中炮身受力示意图

复进时炮膛合力消失，后坐部分在复进机力作用下复进，反后坐装置紧塞具与制退杆或复进杆之间的摩擦力 F 和炮身与摇架滑板之间的摩擦力 F_T 方向改变。

1）炮膛合力

炮膛合力是火炮射击时后坐部分后坐运动的主动力，其主要来源是高压火药气体对身管的轴向作用。得到膛底压力的关键在于膛压曲线的计算，对于膛压曲线的求法目前有基于经典内弹方程的求解方法、耦合火炮运动的求法和两相流求法。由于膛底压力是驱动后坐运动的主动力，因此，精确的膛压曲线成为研究发射动力学的重要前提之一。本模型采用试验所测的膛底压力拟合曲线，用一个单向力，通过样条函数的形式施加于炮尾。

根据基本假设，后效期对火炮的后坐运动还有影响，采用经验公式计算炮口制退器和后效期的作用。不考虑炮口制退器时，根据经典理论，后效期结束的标志是：$p_k = 0.176\,4\,\text{MPa}$，则后效期作用时间 τ 满足下面的表达式：

$$sp_g \mathrm{e}^{-\frac{\tau}{b}} = sp_k \qquad (6-11)$$

式中，p_g 为弹丸出炮口时的膛内压力；s 为炮膛有效作用面积；b 为时间常数，其表达式为

$$b = \frac{(\beta - 0.5)\omega v_0}{s(p_g - p_k)} \qquad (6-12)$$

式中，ω 为火药气体质量；v_0 为弹丸初速；β 为后效期作用系数，其表达式为

$$\beta = A / v_0 \tag{6-13}$$

式中，A 为经验系数，对于榴弹炮，A 取 1 300。

考虑炮口制退器的作用，则后效期炮膛合力与不考虑炮口制退器时炮膛合力的关系为

$$P_{pt,T} = \chi P_{pt} = \chi p_g s e^{-\frac{t}{b}} \tag{6-14}$$

式中，χ 为炮口制退器冲量特征量；t 为从后效期开始到结束的作用时间。

2）制退机力

该门火炮使用的制退机为带沟槽式复进节制器的节制杆式液压制退机，如图 6-17 所示，制退机在后坐和复进时，其液压阻力的表达式不同。

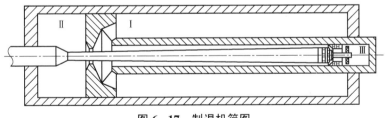

图 6-17　制退机简图

（1）后坐时的液压阻力主要包括两部分："主流"和"支流"，其表达式为

$$\phi_{h0} = f(a_x) v_h^2 \tag{6-15}$$

式中，

$$f(a_x) = \frac{1}{20} k_1 r (A_t - A_{jh})^2 \frac{A_t - A_{jh} + a_x}{a_x^2} + \frac{k_2 r}{20} \frac{A_{fj}^3}{\Omega_1^2} \tag{6-16}$$

式中，$k_2 = 3$ 为液体流入制退杆内腔时的阻力系数；A_{fj} 为复进节制器工作面积；Ω_1 为复进节制器最小流液孔面积。

（2）复进时的液压阻力 ϕ_{f0}。在后坐部分复进过程中，液压阻力由两

部分组成：漏口处的液压阻力 ϕ_{l0}，复进制动沟槽产生的液压阻力 ϕ_{g0}。

漏口处的液压阻力 ϕ_{l0} 的表达式为

$$\phi_{l0} = \frac{k_1 r}{20} \frac{A_{0f} + a_x}{a_x^2} v_f^2 A_{0f}^2 \tag{6-17}$$

式中，k_1 为液体阻力系数；v_f 为复进速度；A_{0f} 为复进时的活塞工作面积。

复进制动沟槽产生的液压阻力 ϕ_{g0} 表达式为

$$\phi_{g0} = \frac{k_2 r}{20} \frac{A_{ff}^2 (A_{ff} + a_{ff})}{a_{ff}^2} v_f^2 \tag{6-18}$$

式中，k_2 为流液阻力系数；A_{ff} 为复进筒体工作面积，取 $A_{ff} = \pi d^2 / 4$，d 为节制筒体平均直径；a_{ff} 为复进制动漏口面积。

在 ADAMS 中，用一个在制退机中心线上，作用于炮尾和摇架的双向力模拟，由于其表达式较复杂，通过编译动态链接库（.dll 文件）进行挂载。

3）复进机力

复进机为气压式复进机，如图 6-18 所示，炮身后坐时，通过压缩气体，储存复进能量。复进机内气体压力可以表示为

$$p_f = p_{f0} \left(\frac{l_f}{l_f - x_h} \right)^n \tag{6-19}$$

式中，p_{f0} 为复进机气体初压；l_f 为气体初容积相当长度；x_h 为后坐长；n 为氮气多变指数。

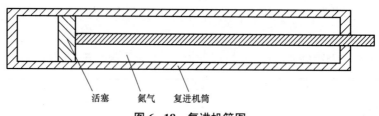

活塞　　氮气　　复进机筒

图 6-18　复进机简图

在 ADAMS 中,用一个在复进机中心线上,作用于炮尾和摇架的双向力描述复进机力。

4) 平衡机力

该型火炮采用的平衡机为单一蓄能器工作模式,曲线平滑,平衡性能稳定。其结构为双蓄能器、双平衡缸方式,如图 6-19 所示,蓄能器内充有氮气,用来储存能量,气体产生的压力通过浮动活塞挤压液体,产生液体压力,作用于平衡缸活塞,用来平衡部分起落部分的质量,使赋予火炮射角时,打高低角时轻便、灵活,其受力示意图如图 6-20 所示。当调整火炮的射角时,起落部分的质心跟随变化,并最终改变氮气的压力,使氮气体积膨胀或收缩,产生平衡力矩。

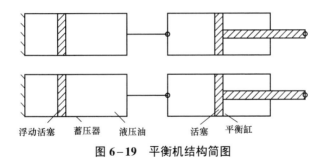

图 6-19 平衡机结构简图

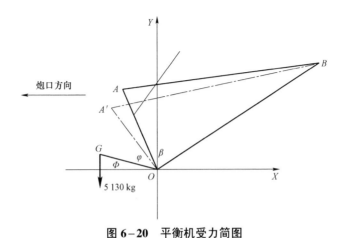

图 6-20 平衡机受力简图

图中，O 点为耳轴中心，G 为起落部分质心点的位置，A 点为前支耳位置，B 点为后支耳位置，A 点和 G 点将绕 O 点做圆弧运动。

在任一射角下起落部分相对于耳轴中心产生的力矩为

$$M_G = m_q g |OG| \cos(\Phi + \varphi) \qquad (6-20)$$

式中，m_q 为起落部分的质量；$|OG|$ 为起落部分质心到耳轴中心的距离；Φ 为 0° 射角时质心到耳轴中心水平面的夹角；φ 为火炮的射角。

设在 0° 射角时，蓄能器内气体体积为 $A_H s_0$，A_H 为蓄能器浮动活塞工作面积，s_0 为此时的气体长度。前后支耳与耳轴中心连线的夹角为 β，此时产生的气体压力为 p_0。

当火炮以射角 φ 射击时，在假设液体体积不随压力变化的前提下，则蓄能器中活塞的行程为

$$e_\varphi = \sqrt{R_{AO}^2 + R_{BO}^2 - 2R_{AO}R_{BO}\cos(\beta + \varphi)} - \\ \sqrt{R_{AO}^2 + R_{BO}^2 - 2R_{AO}R_{BO}\cos\beta} \qquad (6-21)$$

此时，平衡机产生的气体压力为

$$p_\varphi = p_0 \left(\frac{s_0}{s_0 + e_\varphi} \right)^n \qquad (6-22)$$

式中，n 为氮气多变指数。

在 ADAMS 中，通过作用于炮塔与摇架的一个双向力模拟。

4. 虚拟样机的建立与验证

1) 虚拟样机建立

在完成了三维实体模型的建模、模型转换、装配以及外力的定义后，就初步建立了系统的虚拟样机。本书基于研究的关重件，分别建立了实现自动开闩抽筒的炮闩系统模型与计及高低机齿轮齿弧碰撞的火力部分模型，如图 6-21 所示。

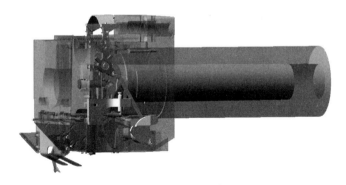

图 6-21　炮闩系统虚拟样机

2）虚拟样机验证

虚拟样机模型建立后，需要对其进行有效性验证，才能用于进一步的工程分析。虚拟样机模型的验证可以通过虚拟样机的仿真结果与实际机械系统的试验数据进行比较，以考察仿真结果与试验数据的一致性，这是判断模型及其仿真结果是否准确的最佳方法。由于现有数据有限，进行专门的试验需要场地，以及大量的人力、财力的保障，成本太高，对于模型的验证主要基于定性验证和定量验证两个方面。下面对炮闩系统模型（简称模型 1）和火力部分模型（简称模型 2）进行验证，射击条件为全装药、底凹弹、水平射角。

（1）虚拟样机的定性验证。

定性校核可从三个方面着手：

① 观察虚拟样机模型的动画，各机构的动作顺序和方式是否与物理样机一致，如闩体在开闩时是否是先下降到最大位移，再回升小段距离后保持在开闩状态，如图 6-22 所示。

② 观察对称零部件的受力和运动是否一致，如开闩过程中，观察模型中两个抽筒子抽筒的作用力是否一致等，如图 6-23 所示。

③ 观察虚拟样机中零部件之间的碰撞力变化规律与其运动是否对应，比如在射击过程中，摇架有绕耳轴中心俯仰振动的趋势，高低机齿轮与齿弧不断冲击振荡碰撞，碰撞力应该是波形振荡的，如图 6-24 所示。

这样能发现一些通常很难注意到的问题。

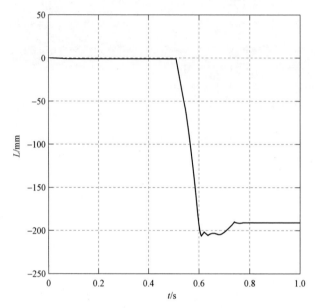

图 6-22 闩体的位移曲线

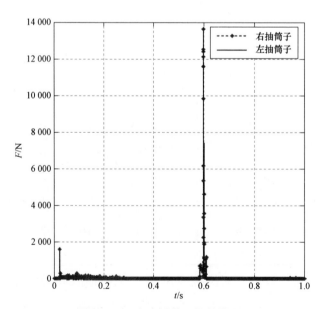

图 6-23 左右抽筒子的抽筒力

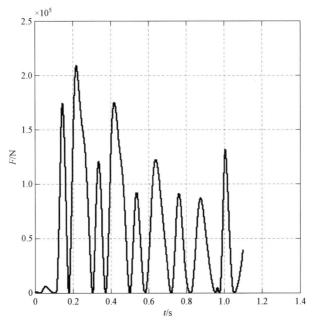

图 6-24　高低机齿轮齿弧碰撞力

（2）虚拟样机的定量验证。

由于没有进行专门的试验验证，对于本模型的定量验证主要依托国家兵器试验基地的该型火炮的定型试验记录。反后坐装置被称为火炮的"心脏"，与其相关的各项动态参数是衡量火炮动态性能的重要指标。通常火炮的分析计算和试验测试也都重点考核这些指标参数，由于数据有限，仅获得了后坐位移和后坐速度的试验曲线。从图 6-25、图 6-26 可以看出，仿真得到的后坐部分的位移和速度曲线的幅值和曲线形状都与试验曲线有较高的相似度。由于模型 2 有 0.1 s 的静平衡时间，所以模型 2 曲线比模型 1 曲线延时 0.1 s。

显然，仅有后坐的这两个参量还不足以对模型进行验证，还需要知道火炮的静态参数和动态参数是否与试验一致，这里主要选取静态参数（后坐部分质量 M_{hz}）、动态参数（后坐时间 t_{hz}、最大后坐位移 h_{max}、最大后坐速度 $v_{h,max}$、复进时间 t_{fj}、最大复进速度 $v_{fj,max}$）对模型进行定量验证。

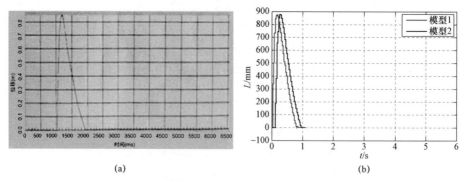

图 6-25   后坐位移曲线

（a）试验曲线；（b）仿真曲线

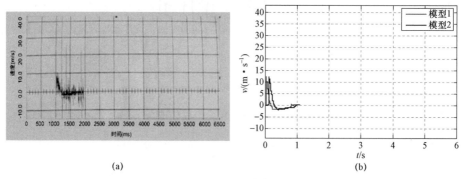

图 6-26   后坐速度曲线

（a）试验曲线；（b）仿真曲线

6.2.2   关重件有限元分析

建立关重件的有限元模型，并进行有限元强度分析，为疲劳损伤和寿命预测打下基础。

1. ABAQUS 软件

ABAQUS 是国际上最先进的大型通用有限元软件之一，可以分析复杂的固体力学和结构力学系统，模拟庞大复杂的模型，处理高度非线性问题，其驾驭庞大求解规模的能力以及非线性力学分析功能均达到世界领先水平。ABAQUS 在欧洲、北美和亚洲许多国家得到广泛应用，其用户遍及机械、化工、冶金、土木、水利、材料、航空、船舶、汽车、电器等各个工程和科研领域。ABAQUS 不但可以做单一零件的力学和多物理场的分析，同时还可以完成系统级的分析和研究。由于 ABAQUS 强大的分析能力和模拟复杂系统的可靠性，它在各国的工业和研究中得到广泛的应用，在大量的高科技装备开发中发挥着巨大的作用。

ABAQUS 操作简便，可以很容易地为复杂问题建立模型。例如，对于多部件问题，可以首先为每个部件定义材料参数，划分网格，然后将它们组装成完整模型。对于大多数模拟（包括高度非线性的问题），用户仅需要提供结构的几何形状、材料特性、边界条件和载荷工况等工程数据。在非线性分析中，ABAQUS 能自动选择合适的载荷增量和收敛准则，并在分析过程中不断调整这些参数值，确保获得精确的解答，用户几乎不必去定义任何参数就能控制问题的数值求解过程。ABAQUS 软件的计算收敛速度较快，非常容易操作和使用。

ABAQUS 具备十分丰富的单元库，可以模拟任意几何形状，其丰富的材料模型库可以模拟大多数典型工程材料的性能，包括金属、橡胶、聚合物、复合材料、钢筋混凝土、可压缩的弹性泡沫以及地质材料（如土壤、岩石）等。作为一种通用的模拟工具，ABAQUS 不仅能够解决结构分析（应力/位移）问题，而且能够分析热传导、质量扩散、电子元器件的热控制（热/电耦合分析）、声学、土壤力学（渗流/应力耦合分析）和压电分析等广泛领域中的问题。

ABAQUS 主要具有以下分析功能：

（1）静态应力/位移分析，包括线性、材料非线性、几何非线性、结构断裂分析等。

（2）动态分析，包括频率提取分析、瞬间响应分析、稳态响应分析、随机响应分析等。

（3）非线性动态应力/位移分析，包括各种随时间变化的大位移分析、接触分析等。

（4）黏弹性/黏塑性响应分析，黏弹性/黏塑性材料结构的响应分析。

（5）热传导分析，包括传导、辐射和对流的瞬态或稳态分析。

（6）退火成型过程分析，包括对材料退火热处理过程的模拟。

（7）质量扩散分析，包括静水压力造成的质量扩散和渗流分析等。

（8）准静态分析，包括应用显式积分方法求解静态和冲压等准静态问题。

（9）耦合分析，包括热/力耦合、热/电耦合、压/电耦合、流/力耦合、声/力耦合等。

（10）海洋工程结构分析，模拟海洋工程的特殊载荷，如流载荷、浮力、惯性力；分析海洋工程的特殊结构，如锚链、管道、电缆；模拟海洋工程的特殊连接，如土壤/管柱连接、锚链/海床摩擦、管道/管道相对滑动。

（11）瞬态温度/位移耦合分析，包括力学和热响应耦合问题。

（12）疲劳分析，根据结构和材料的受载情况统计，进行疲劳寿命预估。

（13）水下冲击分析，对冲击载荷作用下的水下结构进行分析。

（14）设计灵敏度分析，对结构参数进行灵敏度分析，并据此进行结构的优化设计。

2. 关重件有限元建模

1）划分网格

在进行有限元网格划分时，要想实现网格划分和提高网格划分的质量，首先就要完成好几何清理。这是因为：几何清理是划分网格的根本，几何清理的好坏直接影响着网格的质量，如果几何清理不当就可能使生成的网格质量不高，甚至无法生成体网格；几何清理可大大降低工程人员的工作量，对于一些小特征的适当抑制，在提高网格质量的同时，大大减少了工作量；几何清理可以提高网格的美观度。

火炮的 CAD 模型依据图纸通过 Pro/E 绘制得到，导入 ABAQUS 中进行网格划分。有限元分析对模型的要求和 CAD 模型不同。CAD 模型需要精确的几何表述，包含很多几何细节特征，如圆角、小孔等。而这些细节在有限元分析时需要用很小的单元才能精确描述，这将导致求解时间过长。因此，在导入 CAD 模型后，进行必要的几何清理，改正导入的模型存在的缺陷，清除不必要的细节，形成一个简化的模型，以便进行网格划分，获得较好的网格质量，提高计算精度。

在所研究的几个关重件中，抽筒子体积较小，没有进行几何简化，保持了其原有的几何特征，对其使用高精度的十节点四面体（C3D10）单元进行网格划分，如图 6-27 所示；炮尾和炮闩结构非常复杂，考虑到计算量的问题，使用四节点四面体（C3D4）单元进行网格划分，在关键部分进行网格细化，如图 6-28 所示；身管选取磨损最严重的膛线起始部附近的一段身管（膛

图 6-27　抽筒子有限元模型

线起始部向前 1~1.5 倍口径长度，在此取 2 倍口径长度）进行分析，身管模型通过有限元前处理软件 Patran 绘制，身管模型划分为高精度的六面体网格（C3D8R），如图 6-29 所示。

图 6-28　炮尾闩体有限元模型

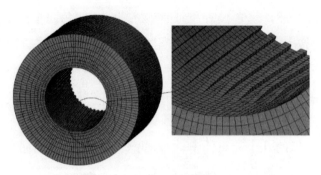

图 6-29 身管有限元模型

2) 定义边界条件和载荷

（1）抽筒子。抽筒子主要是在火炮开关闩过程中动作。开闩过程中，抽筒子内耳轴在闩体抽筒子耳轴滑槽内滑动，定形槽迫使抽筒子内耳轴向前，因为抽筒子前方弧面抵在闩室前壁形成一个活动支点，所以抽筒子下方前移的同时其上方向后转动，抽筒子爪开始预抽药筒。待闩体下降到位时，抽筒子滑槽的圆弧段迫使抽筒子内耳轴迅速向前，从而使抽筒子爪迅速向后转动，抽出药筒。在整个过程中，抽筒子始终在运动，但是在部队调研中发现，抽筒子的故障大多数是抽筒子爪断裂，因此将重点放在抽筒子爪的研究上，根据抽筒子运动规律，可将抽筒子边界条件简化为固定抽筒子，视为静态过程，将抽筒力施加在抽筒子爪抽筒部位，只考察抽筒子爪的强度与寿命，如图 6-30 所示。

图 6-30 抽筒子边界条件与载荷

（2）闩体。闩体在火炮发射时直接承受膛底火药燃气的压力，并将其传给炮尾，闩体与药筒配合封闭炮膛，使燃气不得后溢，此时闩体与炮尾达到暂时的刚性连接。边界条件为固定闩体与炮尾的接触面，在闩体镜面与药筒接触部分施加膛底压力，如图 6-31 所示。

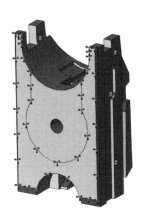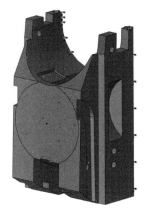

图 6-31　闩体边界条件与载荷

（3）身管。身管内膛的破坏现象主要是高温、高压的火药气体和弹丸对炮膛的反复作用造成的烧蚀和磨损。本书主要研究身管的疲劳损伤，只考虑膛内火药气体压力的作用，将所建身管模型的后端面固定，在身管内膛施加膛压，如图 6-32 所示。

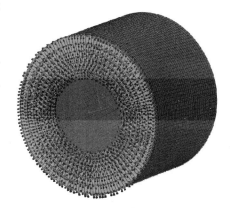

（4）炮尾。火炮发射时，膛底的火药气体压力通过闩体传到炮尾上，从而带动炮身后坐。因此，发射作用在炮尾上的力主要是膛底的火药气体

图 6-32　身管边界条件与载荷

压力和连接在炮尾上的反后坐装置的作用力。建立炮尾与闩体的刚柔耦合模型，将闩体设为刚体，膛底压力作用在闩体上，复进机力作用在炮尾与复进机连接处，制退机力作用在炮尾与制退机连接处；忽略炮尾后坐中相对摇架耳轴的俯仰，炮尾的边界条件设置为炮尾后坐方向的水平运动，如图 6-33 所示。

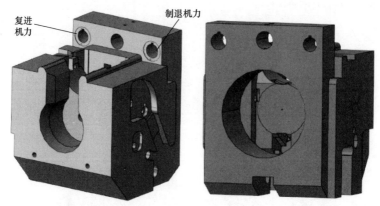

图 6-33   炮尾载荷

3. 关重件有限元计算

在对上述关重件的研究中，抽筒子、高低齿弧、闩体和身管可进行准静态的计算，在其受力位置加载单位载荷，使用 ABAQUS/Standard 进行静强度计算；而炮尾受多个载荷作用，在整个过程中无法视为准静态，使用 ABAQUS/Explicit 进行动强度计算。

1）静强度计算

通过静强度计算，可以预判出构件容易破坏的部位，而且可以结合疲劳分析软件进行疲劳寿命分析。

在抽筒子、高低齿弧和闩体的受力部位分别施加 1 N 的单位力，在身管内膛施加 1 MPa 的单位载荷，这 4 个关重件的静强度受力云图如图 6-34 所示。

2）动强度计算

全装药条件下的膛底压强为试验中的实测值，如图 6-35 所示。根据公式

$$F = P \cdot S \cdot \varphi \qquad (6-23)$$

式中，S 为膛底面积，φ 为强装药与全装药等效系数，取值为 1.3，可以得到强装药条件下火药气体作用在膛底的压力，如图 6-36 所示。

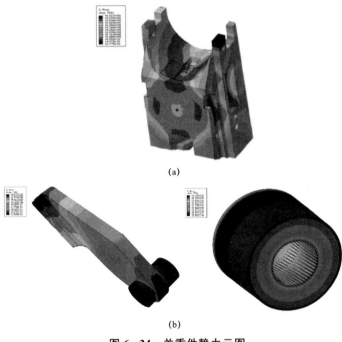

(a)

(b)

图6-34　关重件静力云图
（a）闩体；（b）抽筒子和身管

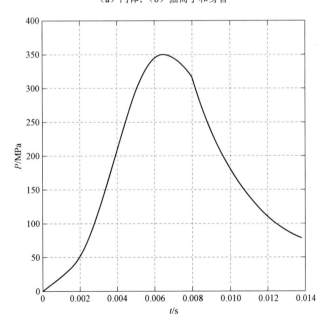

图6-35　全装药膛底压强

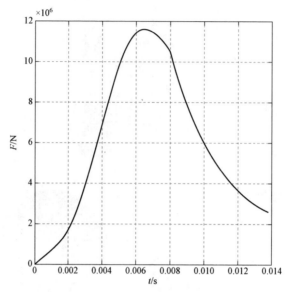

图 6-36　强装药膛底压力

在后坐复进过程中，炮尾受到闩体传递的膛底压力、复进机力和制退机力等多个力的作用，其中复进机力与制退机力在第 2 章所建立的虚拟样机中可测得，强装药条件下这三个力的大小如图 6-37 所示。

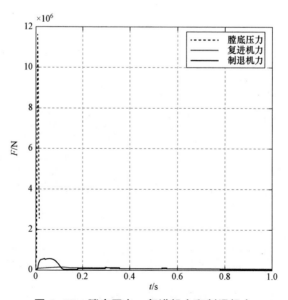

图 6-37　膛底压力、复进机力和制退机力

考虑到计算量的问题，在此只取这三个力前 0.1 s 作为炮尾有限元的输入载荷，对炮尾进行动态分析，其在 5.65 ms 的受力云图如图 6-38 所示。

图 6-38　炮尾受力云图

6.2.3　关重件疲劳寿命计算

1. 疲劳寿命预测理论

1）疲劳寿命预测方法

疲劳设计的理论和试验，虽然已经经历近 200 年的发展，疲劳设计理论中的许多方法仍不完善，疲劳设计领域的研究工作也一直十分活跃。目前主要集中在随机疲劳载荷统计处理方法、疲劳特性试验及统计方法和疲劳设计方法等几个方面。

（1）名义应力法。

名义应力法是最早形成的疲劳设计方法，它以材料或零件的 $S-N$ 曲线为基础，对照试件或结构疲劳危险部位的应力集中系数和名义应力，结合疲劳损伤累积理论，校核疲劳强度或计算疲劳寿命。该方法认为，对于相同材料制成的任意构件，只要应力集中系数 K_T 相同，载荷谱相同，则寿命相同。其中，名义应力和应力集中系数为控制参数。

　　用名义应力法估算构件的疲劳寿命通常有两种方法：一种是直接按照构件的名义应力和相应的 $S-N$ 曲线估算该零件的疲劳寿命；另一种是对材料的 $S-N$ 曲线修改，得到构件的 $S-N$ 曲线，再估算其疲劳寿命。当然第一种方法比较可靠，但是由于构件的几何形状和边界条件千变万化，在绝大多数情况下这样做是不现实的。所以第二种做法是名义应力的一般做法。用第二种做法估算结构疲劳寿命的步骤如图 6-39 所示。

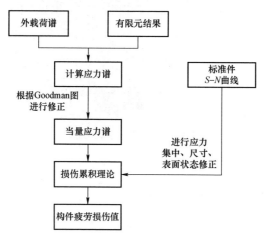

图 6-39　名义应力法进行疲劳寿命预测流程

　　将材料的 $S-N$ 曲线修改到零部件的 $S-N$ 曲线，需要修改的影响因素较多，如何修改则要依据实际情况进行，K_f 修正即疲劳强度降低系数，包括应力集中系数（K_t）、加载方式、尺寸效应、表面加工强化处理等的影响。如果外载荷的平均应力 $S_m \neq 0$，还要按 Gerber 或 Goodman 图做平均应力修正，然后应用疲劳损伤累积理论估算该零件的疲劳寿命。

　　名义应力法的原理十分直观简单，疲劳寿命的估算过程容易掌握，也积累了大量的数据和经验。然而，其基本假设与金属材料疲劳机理的研究结果不甚符合，也没有考虑缺口根部局部塑性的影响，更无法考虑加载顺序前后的影响，导致疲劳寿命估算结果并不稳定，精度也低，不过对某些经常使用的结构形式和材料，预测精度可能比较理想，常在结构危险部位的筛选中使用。

（2）局部应力应变法。

局部应力应变法是结合材料的循环应力应变曲线，通过弹塑性有限元分析或其他计算方法，将构件上的名义应力谱转换成危险部位的局部应力应变谱，然后根据危险部位的局部应力应变历程与一个光滑试件的应力应变历程相同，则它们的疲劳寿命相同。

金属材料疲劳研究结果表明，结构的疲劳损伤通常是由材料的塑性应变引起的。结构在服役期整体上处于弹性状态，但是在某些应力集中部位（通常也是疲劳危险部位）在高应力水平进入塑性状态，此时缺口根部的应力应变为非线性关系，应力应变历程的分析变得比较困难。另一方面，局部应力应变计算的正确与否直接关系到疲劳寿命的估算精度。疲劳寿命对于局部应变十分敏感，局部应变 10%的差别会造成数倍疲劳寿命的差别，因此局部应力应变历程的计算在局部应力应变法中具有十分重要的地位。目前确定局部应力应变历程主要有三种方法：试验方法、弹塑性有限元法和近似计算法，典型的方法是 Neuber 修正法。

用局部应力应变法估算结构疲劳寿命，首先估算疲劳危险点的弹塑性应力应变历程，然后对照材料的疲劳性能数据，按照疲劳损伤累积理论，进行循环的疲劳损伤累积，得到构件的疲劳寿命，其简单步骤如图 6−40 所示。

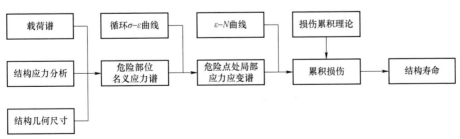

图 6−40　局部应力应变法分析过程

由于局部应力应变法在结构疲劳寿命的估算中考虑了塑性应变的影响以及载荷顺序的影响，因而用它估算结构的疲劳裂纹形成寿命通常可以获得更加符合实际的结果。

（3）损伤容限设计法。

1963 年 Paris 和 Erdogan 发表了一篇著名的论文，首次对疲劳裂纹扩展速率和应力强度因子范围之间的试验曲线进行了关联，指出了金属材料中裂纹的疲劳扩展主要由应力强度因子范围控制。尽管从那时起，以断裂力学为基础的疲劳裂纹扩展研究得到迅速发展，但 Paris 和 Erdogan 建议的经验公式目前仍然是计算工程裂纹疲劳扩展寿命的主要工具。该经验公式认为，具有初始裂纹 a_0 的构件，在交变载荷的作用下，裂纹会缓慢扩展，当裂纹达到临界裂纹尺寸 a_c 时，会发生失稳扩展而断裂。描述裂纹扩展的参量是疲劳裂纹扩展速率 $\mathrm{d}a/\mathrm{d}N$。

对于疲劳裂纹扩展速率，近年来国内外都做了大量的研究工作，取得了不少的成绩。在单轴循环交变应力下，与应力平面垂直的疲劳裂纹扩展速率可写成如下形式：

$$\frac{\mathrm{d}a}{\mathrm{d}N} = f(\sigma, a, C) \qquad (6-24)$$

式中，N 为循环次数；σ 为正应力；a 为裂纹长度；C 为与材料有关的常数。裂纹扩展速率 $\mathrm{d}a/\mathrm{d}N$ 是 σ、a、C 的函数。

结构的裂纹扩展过程通常可以分为三个阶段，其中人们研究最广泛、最深入的是第二阶段，也就是最重要的裂纹扩展阶段，描述此阶段的疲劳裂纹扩展速率 $\mathrm{d}a/\mathrm{d}N$ 的理论很多，Paris 的应力强度因子理论是目前所有理论中与试验结果符合较好的一种理论。Paris 理论认为，疲劳裂纹扩展是由裂纹尖端弹性应力强度因子的变化幅值所控制，即

$$\frac{\mathrm{d}a}{\mathrm{d}N} = C(\Delta k_l)^m \qquad (6-25)$$

式中，C 和 m 是与试验条件（环境、频率、温度和应变比 R）有关的材料

常数；Δk_l 为应力强度因子幅度，其值为

$$\Delta k_l = k_{l\max} - k_{l\min} = \alpha \Delta \sigma \sqrt{\pi a} \tag{6-26}$$

$$\lg \frac{\mathrm{d}a}{\mathrm{d}N} = \lg C + m \lg \Delta k_l \tag{6-27}$$

式中，$\lg C$ 为图形中直线的截距；m 为图形中直线的斜率。

图 6-41 即损伤容限设计法求解疲劳寿命的过程。以线弹性断裂力学为基础的疲劳断裂分析只适用于"小范围屈服"，即裂尖塑性区与裂纹计划调节及构件尺寸相比小于一个数量级以上时才可以在塑性修正后仍用线弹性断裂理论来处理，对于裂尖区域的大范围屈服或者全面屈服问题，必须用弹塑性断裂理论解决。

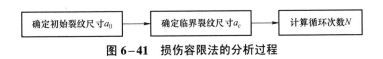

图 6-41　损伤容限法的分析过程

名义应力法是常规的疲劳设计方法，对于低应力高周疲劳分析相当有效，至今仍被广泛使用，计算出来的寿命是装备的总寿命。局部应力应变法既适用于低周疲劳，又适用于高周疲劳，特别适用于随机载荷作用下的寿命设计，目前已在英、美、德各国得到广泛的应用，其计算出来的寿命是裂纹形成寿命。损伤容限设计法着重研究裂纹的扩展寿命，多用于航天领域和压力容器，其计算出来的寿命是裂纹扩展寿命。裂纹形成寿命与裂纹扩展寿命则为装备的总寿命。

2）协同仿真在火炮关重件疲劳寿命预测中的应用

通过对传统疲劳寿命预测方法的分析可知，利用传统的方法对自行火炮的关重件进行寿命预测不但难度大，而且任务量也很大，因此本书采用基于接口的协同仿真技术，利用 ABAQUS 软件和 Designlife 软件之间的无缝接口，对关重件的寿命进行预测研究。本书应用的基于接口的协同仿真疲劳寿命分析流程如图 6-42 所示。

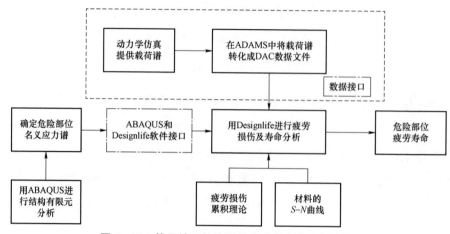

图 6-42　基于接口的协同仿真疲劳寿命分析流程

根据图 6-42 疲劳寿命分析流程可知，获得关重件危险部位的疲劳寿命需要三个必要的条件：危险部位的名义应力谱、材料的 $S-N$ 曲线和危险部位所承受的动载荷谱。在应用单领域的仿真技术以及相关的技术资料获得这三个条件后，利用协同仿真技术，通过各软件之间的接口将这些必要条件协同起来，在疲劳寿命仿真分析软件 Designlife 仿真平台对关重件危险部位进行疲劳寿命的仿真分析。

2. 基于协同仿真的关重件疲劳寿命预测

1）材料 $S-N$ 曲线

材料 $S-N$ 曲线可通过两种方式获得，一种是根据材料手册中的材料参数计算得出，如果是材料手册中查不到的材料，就用第二种方法，在疲劳软件中直接输入材料的强度极限（UTS），软件自动计算拟合出材料的 $S-N$ 曲线。以抽筒子材料 45CrNiMoVA 为例，说明 $S-N$ 曲线的计算过程。

在材料手册中，可以查到抽筒子材料 45CrNiMoVA 在指定存活率下的疲劳寿命，如表 6-7 所示。

表 6-7　指定存活率的疲劳寿命

疲劳寿命/×10³　应力/MPa					a_p	b_p
存活率/%	σ_1	σ_2	σ_3	σ_4		
	810	750	670	600		
N_{50}	29.7	62.0	183.0	527.3	32.366 5	-9.590 7
N_{90}	20.2	37.2	91.0	218.2	27.358 2	-7.925 9
N_{95}	18.1	32.2	74.5	169.5	25.925 3	-7.449 6
N_{99}	14.8	24.5	51.3	105.8	23.249 7	-6.560 3
$N_{99.9}$	11.8	18.1	33.9	62.6	20.277 4	-5.572 3
备注	$\log N_p = a_p + b_p \cdot \log\sigma, \quad \sigma_1 \geqslant \sigma \geqslant \sigma_4$					

图 6-43 是抽筒子材料 45CrNiMoVA 的 $\log\sigma - \log N_p$ 曲线示意图。从图中可以看出，要画出该曲线，除了表 6-7 中备注栏的公式外，还需要几个特征点和特征参数。这些特征点为直线 1 在纵坐标轴上的截距、直线 1 和直线 2 的交点横坐标以及两条直线的斜率。

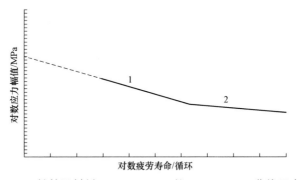

图 6-43　抽筒子材料 45CrNiMoVA 的 $\log\sigma - \log N_p$ 曲线示意图

根据表 6-7 中的公式

$$\log N_p = a_p + b_p \cdot \log\sigma \qquad (6-28)$$

可以算出，当存活率为 90% 时，$\log\sigma - \log N_p$ 曲线在纵坐标轴上的截距为

$$\log \sigma = -\frac{a_p}{b_p} = \frac{27.358\,2}{7.925\,9} = 3.451\,7 \tag{6-29}$$

所以 $\sigma = 2\,829.4$ MPa，即 SRI1 $= 2\sigma = 5\,658.87$ MPa（SRI1 为应力范围）。

根据式（6-28）还可以算出直线 1 的斜率：

$$b_1 = \frac{1}{b_p} = \frac{1}{-7.925\,9} = -0.126\,2 \tag{6-30}$$

一般地，直线 1、2 交点处对应的疲劳寿命 $N_{c1} = 1\mathrm{E}6$，其对应的应力对数值为

$$\log \sigma = (\log N_p - a_p)/b_p = 2.694\,7 \tag{6-31}$$

因为存活率为 90% 时的疲劳极限为 464 MPa，寿命为 10^7，所以直线 2 的起点为（6，2.694 7），终点为（7，2.666 5），故该直线的斜率为

$$b_2 = \frac{2.666\,5 - 2.694\,7}{7 - 6} = -0.028\,2 \tag{6-32}$$

有了上述参数，就可以得到抽筒子的 $S\text{-}N$ 曲线，如图 6-44 所示。

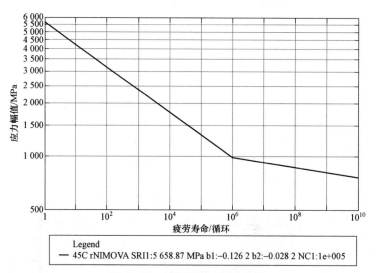

图 6-44　抽筒子的 $S\text{-}N$ 曲线

3. 关重件可靠性预测

以抽筒子为例，对抽筒子进行疲劳寿命预测时，基于接口的协同仿真

技术应用疲劳寿命分析软件 Designlife 与有限元软件 ABAQUS 之间存在的数据接口，将在 ABAQUS 中计算的抽筒子模型结果以.odb 格式的文件传输到 Designlife 中，建立抽筒子疲劳寿命预测虚拟样机，将基于 ADAMS 虚拟样机得到的抽筒力（图 6-45）以 dac 数据文件形式作用在抽筒子疲劳样机模型上，应用 Miner 线性损伤累积准则进行损伤累积，计算其疲劳寿命，结果如图 6-46 所示。

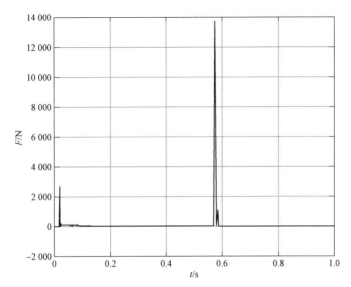

图 6-45　抽筒子载荷谱

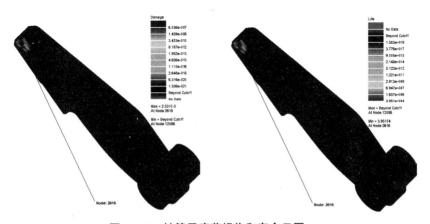

图 6-46　抽筒子疲劳损伤和寿命云图

从疲劳寿命云图可以看出，抽筒子最小寿命为 20 043 次，危险部位出现在抽筒子爪根部，容易出现疲劳断裂。

6.3   性能退化随机试验方案设计

基于台架试验、虚拟样机仿真试验，结合蒙特卡洛模拟法进行性能退化分析，找出其分布规律。

6.3.1   蒙特卡洛抽样

蒙特卡洛模拟是通过随机变量的统计试验或随机模拟，求解工程技术问题近似解的数值方法。其根据模型中各个随机变量的分布，在计算机上产生随机数，实现一次模拟过程所需的足够数量的随机数，然后根据随机变量的分布选取相应的抽样公式和抽样方法，完成抽样。它的理论基础是概率论中的大数定理和伯努利定理。

（1）根据模型分析的需要，建立和选择随机变量，并确定其分布规律及分布参数。通过蒙特卡洛法产生随机变量的样本值。蒙特卡洛法先通过数学方法（如乘同余法）产生均匀分布的随机数，然而根据变量的不同分布类型选取不同的随机抽样公式，完成随机抽样，生成随机变量的工作空间。

（2）针对随机变量工作空间中的样本，在时间和效率允许的情况下选择一定量的样本逐一进行系统确定性动力学求解计算。

（3）运用统计推断理论工具对系统动力学响应结果进行统计推断，检验和估计其分布规律及分布参数。

6.3.2 随机参数及其分布规律

各随机参数分布规律及其分布参数的确定是求解系统动力学响应的基础。目前对于随机变量分布的确定有三类方法：

（1）假设检验和参数估计法，工程实际中应用较多，缺点是需要反复进行对比计算。

（2）以高阶矩为基础的近似方法，缺点是不能完全保证分布函数的有界性和非负性。

（3）神经网络逼近方法，缺点是对样本的数量和质量依赖较大。

对于一些随机因素不易进行相关试验，如对生产使用情况的估计、人的因素等，这时只能加入一些主观估计。

在可靠性分析计算时通常将随机参数认为是服从理想分布，即参数取值范围$(-\infty, +\infty)$或$(0, +\infty)$，这显然不符合工程实际，而用截尾分布来描述工程实际中的随机参数则更为合理，工程实际中的随机参数均应服从两端截尾分布。

1. 截尾分布简介

所谓两端截尾分布，实质上是引入一个正规化常数，使得理想分布函数在截尾后仍然满足作为概率分布的条件，即

$$\int_{x_{\min}}^{x_{\max}} K \cdot f(x)\mathrm{d}x = 1 \tag{6-33}$$

$$K = \int_{x_{\min}}^{x_{\max}} f(x)\mathrm{d}x \tag{6-34}$$

式中，$f(x)$为原理想分布的概率密度函数；K为正规化常数。则两端截尾后的概率密度函数为

$$f^*(x) = \begin{cases} \dfrac{f(x)}{K}, & x_{\min} \leqslant x \leqslant x_{\max} \\ 0, & x \in 其他 \end{cases} \tag{6-35}$$

两端截尾后的分布函数为

$$F^*(x) = \begin{cases} 1, & x > x_{\max} \\ \int_{x_{\min}}^{x} f^*(x)\mathrm{d}x, & x_{\min} \leqslant x \leqslant x_{\max} \\ 0, & x < x_{\min} \end{cases} \qquad (6-36)$$

对于截尾点的确定一般选择结构尺寸的公差上下限，试验数据的最大值、最小值或工作参数的界限值。对于载荷可采用规范上推荐的荷载值加减其百分之几作为截尾分布点。

2. 台架试验随机参数及其分布

1）试验台模拟工况参数确定

由于试验台采用液压系统提供动力，负载滑台在液压力作用下从静止加速到与液压流速相一致的速度，而后将保持稳定，即开闩部分所具有的能量在冲击开闩前基本恒定，故在保证负载滑台加速到稳定速度所需距离下，推动距离这一参数对开闩无影响。而推动力则主要由负载决定，整个开闩过程中不同开闩位置的阻力是一定的，那么液压克服负载的推动力是一定的。因此，下面只对推动速度、推动质量两个参数进行设计。

推动质量、推动速度在试验台自动开闩中决定着开闩的能量，直接影响模拟火炮实弹射击工况下开闩的精度。为了得到可以模拟实弹射击工况的参数组合，综合前文得到的基准参数和试验台性能，确定各参数的一个初始选择范围，具体为节流阀开口面积为 0.2～0.45 cm²（控制推动速度），推动质量为 72.5～118.4 kg。在范围内分别选取了 4 个水平，见表 6-8，其中节流阀开口面积的水平为等间隔确定，推动质量的水平则依据质量块的数量来确定。按全排列进行试验，共计 16 次。

表 6-8　因素与水平分布

因素 \ 水平	1	2	3	4
开口面积/cm²	0.2	0.3	0.4	0.45
推动质量/kg	72.5	87.8	103.1	118.4

由于炮闩系统强化试验台的设计原理与系统在实弹射击下开闩动作机理是相反的，因此，零部件运动规律并不能达到完全一致，为了对其模拟相似度进行判定，选取表征开闩过程的闩体下降速度最大值和均值作为判定指标，试验测试得到具体值为 2.163 m/s 和 1.126 m/s。按照工程设计一般要求，评判指标的相对误差应小于 5%。用 Y_1、Y_2 分别表示试验台冲击与实弹射击工况下闩体下降最大速度、速度均值的相对误差；将误差的平均值作为试验指标值，用 Y 表示，即

$$Y_1 = \frac{\left|v_{max-s} - v_{max-l}\right|}{v_{max-l}}, \quad Y_2 = \frac{\left|v_{avg-s} - v_{avg-l}\right|}{v_{avg-l}} \tag{6-37}$$

$$Y = \mathrm{Average}(Y_1, Y_2) \tag{6-38}$$

式中，右下标 $-s$ 表示试验台冲击试验结果，$-l$ 表示实弹射击试验结果。

依据试验顺序，在溢流阀压力设定为 10 MPa 条件下，基于试验台联合仿真模型进行试验，通过测量与计算得到试验结果如表 6-9 所示。

表 6-9　试验方案与结果

试验号	因素		测试结果		指标		
	A/cm^2	M/kg	$v_{max-s}/$ $(\mathrm{m \cdot s^{-1}})$	$v_{avg-s}/$ $(\mathrm{m \cdot s^{-1}})$	Y_1	Y_2	Y
1	0.2	72.5	1.701	0.989	0.213 6	0.121 7	0.167 6
2	0.2	87.8	1.706	1.034	0.211 3	0.081 7	0.146 5
3	0.2	103.1	1.680	1.029	0.223 3	0.086 1	0.154 7
4	0.2	118.4	1.687	0.975	0.220 1	0.134 1	0.177 1
5	0.3	72.5	2.056	1.132	0.049 5	0.005 3	0.027 4
6	0.3	87.8	2.057	1.220	0.049 0	0.083 5	0.066 2
7	0.3	103.1	2.060	1.262	0.047 6	0.120 8	0.084 2
8	0.3	118.4	2.084	1.220	0.036 5	0.083 5	0.060 0
9	0.4	72.5	2.236	1.318	0.033 7	0.170 5	0.102 1
10	0.4	87.8	2.228	1.358	0.030 1	0.206 0	0.118 0
11	0.4	103.1	2.233	1.351	0.032 4	0.199 8	0.116 1

试验号	因素		测试结果		指标		
	A/cm^2	M/kg	$v_{\max-s}/$ $(\text{m}\cdot\text{s}^{-1})$	$v_{\text{avg}-s}/$ $(\text{m}\cdot\text{s}^{-1})$	Y_1	Y_2	Y
12	0.4	118.4	2.247	1.297	0.038 8	0.151 9	0.095 3
13	0.45	72.5	2.326	1.364	0.075 4	0.211 4	0.143 4
14	0.45	87.8	2.339	1.365	0.081 4	0.212 3	0.146 8
15	0.45	103.1	2.350	1.374	0.086 5	0.220 2	0.153 4
16	0.45	118.4	2.346	1.429	0.084 6	0.269 1	0.176 8

在 16 次试验中，5 号参数组合下指标的平均误差最小，仅为 2.74%。试验台冲击开闩下与实弹射击工况下，闩体下降速度最大值 $v_{\max}$ 和均值 v_{avg} 的相对误差分别为 4.95%、0.53%，均小于 5%。由于误差已满足工程要求，故不再进行参数寻优。由此也就确定了试验台模拟实弹射击工况开闩的基准参数，即在溢流阀压力设定为 10 MPa 条件下，推动速度为 1.124 m/s（节流阀开口面积 0.3 cm²）、推动质量为 72.5 kg。

2）推动速度、推动质量的区间和分布

在进行参数随机性影响分析时均假设其服从正态分布。

推动速度 v：服从正态分布 $P\sim N(1.124, 0.083\,3^2)$，其变化区间为 [0.87，1.37] m/s。

推动质量 M：服从正态分布 $P\sim N(72.5, 4.166^2)$，其变化区间为 [60，85] kg。

3. 仿真试验随机参数及其分布

在机械结构尺寸确定的前提下，影响机械疲劳寿命的因素主要是载荷因素，对于炮闩系统而言，主要是内弹道的膛压特性。

由于装药条件、点火过程及射击环境（如温度）等因素的影响，膛内实际射击过程是一个随机过程。仅用分析方法研究膛内射击现象不能完全揭示真实过程，还必须考虑随机因素，这就需要用随机模拟方法研究内弹

道循环。用 FORTRAN 语言编写了内弹道方程子程序，运用 ADAMS/
SOLVER 求解器对内弹道方程进行求解，借助随机试验平台实现了内弹道
循环的随机模拟。由于将内弹道诸元定义为设计变量，因此可以通过修改
不同的参数如装药量等实现不同装药时的内弹道方程求解。

　　采用经典内弹道模型，对某火炮常温、全装药内弹道诸元进行仿真得
到内弹道仿真结果。考虑火炮在射击时，主要的随机因素有弹丸质量 m 的
制造误差、装药量 ω、火药力 f、药厚 e_1、装填密度 Δ 等，对于某批炮弹，
它们均服从正态分布，分布特性见表 6-10。

表 6-10　火炮全装药时内弹道诸元分布特征

名称	m/kg	ω/kg	f/(kJ·kg⁻¹)	e_1/mm	Δ/(kg·dm⁻³)
均值	43.56	8.185	931.631 75	0.8	0.655
区间范围	43.124～43.996	8.105～8.265	928.5～933.5	0.75～0.85	0.605～0.705

　　得到膛压曲线簇如图 6-47 所示,其中最大膛压分布频数直方图 6-48
所示。

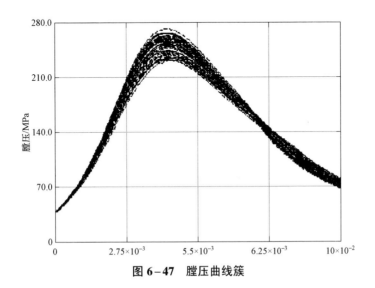

图 6-47　膛压曲线簇

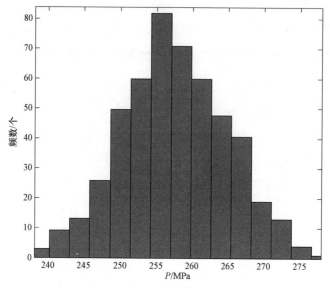

图 6-48　最大膛压分布频数直方图

6.3.3　随机试验空间的生成

1. 台架试验随机试验空间

根据推动速度 v 和推动质量 M 的区间和分布，抽样 16 个试验方案，如表 6-11 所示。

表 6-11　台架试验随机试验空间

序号	$v/$ $(m \cdot s^{-1})$	M/kg	序号	$v/$ $(m \cdot s^{-1})$	M/kg	序号	$v/$ $(m \cdot s^{-1})$	M/kg	序号	$v/$ $(m \cdot s^{-1})$	M/kg
1	1.16	77.07	5	1.20	71.02	9	1.24	73.67	13	1.05	73.95
2	1.26	71.34	6	1.24	69.06	10	1.08	72.63	14	1.03	71.25
3	0.94	75.42	7	1.10	65.92	11	1.18	65.94	15	1.13	72.59
4	1.23	63.95	8	1.36	74.61	12	1.10	77.19	16	0.96	71.40

2. 仿真试验随机试验空间

根据随机因素：弹丸质量 m 的制造误差、装药量 ω、火药力 f、药厚 e_1、装填密度 Δ 设置 100 组试验方案，如表 6-12 所示。

表 6-12　仿真试验随机试验空间

序号	m/kg	ω/kg	f/(kJ·kg^{-1})	e_1/mm	Δ/(kg·dm^{-3})	序号	m/kg	ω/kg	f/(kJ·kg^{-1})	e_1/mm	Δ/(kg·dm^{-3})
1	43.63	8.17	930.39	0.85	0.60	51	43.37	8.12	928.78	0.79	0.58
2	43.82	8.21	933.12	0.85	0.65	52	43.49	8.12	932.60	0.87	0.61
3	43.23	8.23	931.24	0.75	0.68	53	43.60	8.18	931.27	0.76	0.60
4	43.68	8.24	933.40	0.80	0.71	54	44.07	8.26	931.23	0.81	0.77
5	43.63	8.14	930.10	0.73	0.73	55	43.96	8.14	934.46	0.78	0.62
					......						
50	43.53	8.18	928.82	0.76	0.65	100	43.38	8.20	932.21	0.85	0.69

6.4　性能退化试验与数据处理

6.4.1　基于台架的挡弹板轴性能退化试验

台架试验的研究对象为挡弹板轴，根据台架试验方案表进行可靠性试验，记录不同开关闪次数下挡弹板轴的磨损量。装备的失效阈值为 3.5 mm。整个试验通过增加质量块进行质量调整，调节节流阀开口面积控制推动速度。试验过程通过计数器计算开关闪次数，如图 6-49 所示。

最终得到 16 个样本的性能退化数据，如表 6-13 所示。

图 6-49 计数器计数

表 6-13 挡弹板轴磨损量数据

$\frac{T}{n}$	100	200	300	400	500	600	700	800	900	1 000	1 100	1 200	1 300	1 400	1 500	1 600
1	0.11	0.23	0.35	0.46	0.58	0.70	0.81	0.93	1.05	1.16	1.28	1.40	1.51	1.63	1.75	1.87
2	0.12	0.24	0.36	0.49	0.61	0.73	0.85	0.98	1.10	1.22	1.34	1.47	1.59	1.71	1.83	1.96
3	0.11	0.22	0.34	0.45	0.57	0.68	0.80	0.91	1.02	1.14	1.25	1.374	1.48	1.60	1.72	1.83
4	0.11	0.22	0.34	0.45	0.56	0.68	0.79	0.91	1.02	1.13	1.25	1.36	1.47	1.59	1.70	1.82
5	0.18	0.37	0.55	0.74	0.93	1.11	1.30	1.49	1.67	1.86	2.04	2.35	2.42	2.60	2.79	2.98
6	0.14	0.29	0.43	0.58	0.72	0.87	1.01	1.16	1.30	1.45	1.59	1.74	1.88	2.03	2.17	2.32
7	0.14	0.28	0.42	0.57	0.71	0.85	0.99	1.14	1.28	1.42	1.56	1.71	1.85	1.99	2.13	2.28
8	0.11	0.22	0.34	0.45	0.57	0.68	0.80	0.91	1.02	1.14	1.25	1.37	1.48	1.60	1.71	1.83
9	0.18	0.36	0.54	0.72	0.90	1.09	1.27	1.45	1.63	0.81	2.00	2.18	2.36	2.54	2.72	2.91
10	0.14	0.29	0.44	0.59	0.74	0.89	1.04	1.19	1.33	1.48	1.63	1.75	1.93	2.05	2.23	2.38
11	0.12	0.25	0.38	0.51	0.64	0.76	0.89	1.02	1.15	1.28	1.40	1.53	1.66	1.79	1.92	2.05
12	0.13	0.27	0.41	0.55	0.69	0.83	0.97	1.11	1.25	1.39	1.52	1.67	1.71	1.95	2.09	2.23
13	0.13	0.26	0.39	0.52	0.65	0.78	0.91	1.05	1.18	1.31	1.44	1.57	1.70	1.83	1.96	2.10
14	0.10	0.21	0.32	0.43	0.54	0.65	0.76	0.87	0.97	1.08	1.19	1.30	1.41	1.52	1.63	1.74
15	0.12	0.24	0.36	0.48	0.72	0.84	0.97	1.09	1.21	1.33	1.45	1.57	1.59	1.69	1.81	1.94
16	0.11	0.22	0.33	0.45	0.56	0.67	10.78	0.90	1.01	1.12	1.23	1.35	1.46	1.57	1.68	1.80

1) 基于贝叶斯推断的性能退化轨迹建模

（1）输入变量为测量的磨损量，输出变量为测量的开关闩次数，将每个样本的前 13 个数据用于训练，最后 3 个数据作为检验集。

（2）选择核函数为高斯径向基核函数：

$$k(x, x_i) = \exp\left\{-\frac{|x - x_i|^2}{\sigma^2}\right\}$$

（3）对每个样本分别进行训练，执行贝叶斯准则推断，获得最优参数模型。

（4）建立 16 个模型，应用预测集对所建支持向量机进行检查。

2）根据性能退化模型，外推样本得到失效阈值的失效寿命

根据前述得到的轨迹模型，求出每个样本到达失效阈值的时间（失效寿命），其结果如表 6-14 所示。

表 6-14　挡弹板轴失效寿命阈值

n	1	2	3	4	5	6	7	8
T	2 980	2 847	3 048	3 068	1 876	2 413	2 454	3 050
n	9	10	11	12	13	14	15	16
T	1 920	2 352	2 723	2 504	2 654	3 217	2 883	3 095

3）根据得到的失效寿命求出其分布

对表 6-14 中的数据，进行拟合优度检验，得到结果如表 6-15 所示。

表 6-15　挡弹板轴失效寿命 AD 拟合优度检验结果

分布类型	威布尔分布	指数分布	正态分布
AD 检验值	0.42	拒绝原假设	0.49

检验结果表明，挡弹板轴失效寿命的分布拒绝指数分布的假设，相比较于正态分布，威布尔分布检验值较小，说明挡弹板轴失效寿命更加适合威布尔分布。

基于最小二乘法原理，得到其威布尔参数点估计值为：$m = 5.4$，$\eta = 2\,700$，则挡弹板轴的可靠度函数为

$$R(t) = \mathrm{e}^{-\left(\frac{t}{\eta}\right)^m} = \mathrm{e}^{-\left(\frac{t}{2\,700}\right)^{5.4}}$$

6.4.2　基于仿真的抽筒子性能退化试验

仿真研究对象为抽筒子，根据仿真试验方案表，进行内弹道计算，将得到的内弹道数据进行动力学仿真，得到抽筒子的载荷数据。图 6-50 记录了 4 次随机仿真试验得到的抽筒子载荷情况。

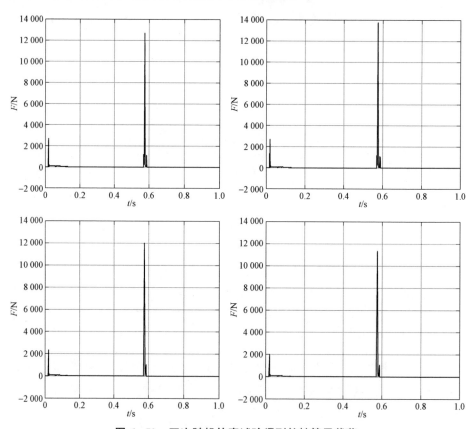

图 6-50　四次随机仿真试验得到的抽筒子载荷

将抽筒子载荷数据，结合抽筒子材料的 S-N 曲线，由仿真软件基于 Miner 线性损伤累积准则进行损伤累积，计算其疲劳寿命，得到 100 组样本的寿命结果如表 6-16 所示。

表 6-16　抽筒子失效寿命

样本	1	2	3	4	5	6	7	8	9	10
寿命	20 043	24 210	16 371	28 185	19 115	20 388	17 717	18 581	22 505	19 097
					······					
样本	91	92	93	94	95	96	97	98	99	100
寿命	27 851	22 689	29 890	25 201	17 919	21 530	23 393	14 882	24 967	19 406

对表 6-16 中的数据，进行拟合优度检验，得到结果如表 6-17 所示。

表 6-17　抽筒子失效寿命 AD 拟合优度检验结果

分布类型	威布尔分布	指数分布	正态分布
AD 检验值	0.26	拒绝原假设	0.38

检验结果表明，抽筒子失效寿命的分布拒绝指数分布的假设，相比较于正态分布，威布尔分布检验值较小，说明抽筒子失效寿命更加适合威布尔分布。

基于最小二乘法原理，得到其威布尔参数点估计值为：$m=5.1$，$\eta=22\,512$，则抽筒子的可靠度函数为

$$R(t)=\mathrm{e}^{-\left(\frac{t}{\eta}\right)^{m}}=\mathrm{e}^{-\left(\frac{t}{22\,512}\right)^{5.1}}$$

第 7 章

基于信息融合的可靠性鉴定试验评估方法研究

　　武器系统的可靠性鉴定与评估离不开装备寿命周期中的各类数据支持，如何将研制阶段的可靠性数据、仿真试验数据和性能试验阶段的可靠性数据进行融合，给出可靠性的合理评估一直以来都是研究的一个热点问题。本章首先介绍可靠性试验信息的获取策略，应用贝叶斯理论分析不同概率分布的可靠性评估模型；然后应用幂先验构造方法实现多源信息融合，为可靠性鉴定试验评估提供科学、合理的信息先验；最后在实装试验可靠性数据的支持下，基于 OpenBUGS 完成对武器系统可靠性的贝叶斯融合评估。

7.1 火炮可靠性试验信息获取的基本策略

火炮可靠性试验信息融合的基本策略与方法包括两个层面的问题，一是数据获取策略层面，主要解决可靠性鉴定评估的数据来源问题；二是融合评估方法的层面，主要解决应用的统计学基础理论问题。本节探讨数据获取策略的两种途径，包括仿真与实装试验相结合的可靠性鉴定试验数据获取策略，以及少量系统级试验结合大量部件级试验的数据获取策略。

7.1.1 内外场试验相结合的数据获取策略

少量的实物试验结合大量的仿真试验主要是通过少量的实物试验对仿真模型进行对比修正。基于修正后的高精度仿真模型，进行大量的可靠性仿真试验，结合仿真试验和实物试验分析结果，形成准确的产品可靠性评估结果，具体策略如图 7−1 所示。

具体研究步骤如下：

（1）首先对机械产品进行功能原理分析，确定产品的功能原理。

（2）进行故障模式及影响因素分析，获取机构的主要故障模式和关键影响因素。

（3）实物试验：

① 确定机械产品的载荷工况及环境因素，建立工作载荷环境应力剖面。

② 根据机械产品功能原理及载荷工况，设计支持加载方案以及试验夹具。

③ 根据故障模式及影响因素分析，确定机械产品的关键监测参量，进而构建机械产品的监测/采集系统。

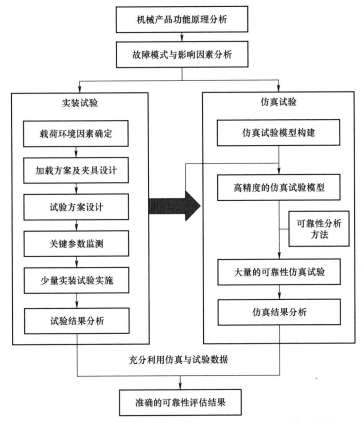

图 7-1　少量的实物试验结合大量仿真试验的数据获取策略

④ 根据以上研究内容,进而设计产品的试验方案。

⑤ 根据试验方案,进行少量的实物试验研究。

⑥ 依据试验监测数据,进行试验结果分析。

(4) 仿真试验。

① 根据机械产品的功能原理和故障模式及影响因素分析,构建机械产品的仿真试验模型。

② 根据实物试验的结果,对仿真模型进行对比修正,建立高精度的仿真试验模型。

③ 对机械产品进行大量的可靠性仿真试验。

④ 运用可靠性分析方法,对仿真试验结果进行分析。

（5）充分利用仿真试验与实物试验的数据，实现准确的机械产品可靠性评估。

7.1.2 部件级与系统级试验相结合的数据获取策略

对于火炮武器类复杂系统，直接对整个系统进行可靠性实装试验研究往往存在较大困难；而对其进行可靠性仿真试验研究又存在仿真计算量庞大且仿真精度难以保证等问题。因此，通过少量的系统级试验结合大量的部件级试验来实现准确的可靠性评估也是一种常用的策略，如图 7-2 所示。

具体研究步骤如下：

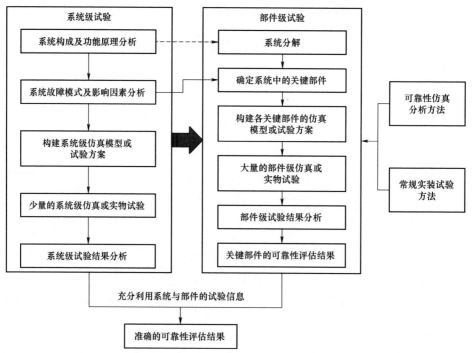

图 7-2　少量系统级试验结合大量部件级试验的数据获取策略

（1）系统级试验。

① 首先对系统的构成及功能原理进行分析，了解系统的基本构成及原理。

② 对系统进行故障模式及影响因素分析，获取主要的故障模式和关键影响因素。

③ 对于系统级试验，既可以进行仿真试验，又可以进行实物试验，因此基于仿真软件构建机械系统的仿真模型或基于实物试验构建系统的试验方案。

④ 根据建立的仿真模型或实物试验方案，进行少量的系统级仿真或实物试验。

⑤ 对系统级的试验结果进行初步分析。

（2）部件级试验。

① 根据机械系统的构成及功能原理，对系统进行分解，分解成便于分析的构件。

② 根据故障模式及影响因素分析，确立系统中的关键部件，作为部件级试验的试验对象。

③ 同理，基于仿真软件建立各关键部件相应的可靠性仿真模型或基于实物试验构建各部件可靠性试验方案；并通过与系统级试验对比，修正关键部件的仿真模型和试验方案。

④ 根据修正后的、准确的关键部件仿真模型或实物试验方案，进行大量的部件级可靠性仿真试验或可靠性实物试验。

⑤ 对部件级的试验结果进行可靠性分析。

⑥ 形成关键部件的可靠性评估结果。

（3）结合系统级试验的试验结果和关键部件的可靠性评估结果，得到准确的系统可靠性评估结果。

7.2　火炮可靠性鉴定试验的贝叶斯评估模型

贝叶斯理论由英国学者贝叶斯（T. Bayes，1702—1763）提出的贝叶斯公式发展而来。贝叶斯公式在形式上是对条件概率的定义和全概率公式的一个简单归纳和推理。在可靠性试验的融合评估方法层面，贝叶斯理论给出了合理可行的统计推断方法。

7.2.1　贝叶斯理论基础

设 A 为样本空间 Ω 中的一个事件，B_1，B_2，$\cdots$，B_n（n 为有限的或无穷）是样本空间 Ω 中的一个完备事件群，且有 $P(B_i) > 0$（$i = 1$，2，$\cdots$，n），$P(A) > 0$，则事件 A 的全概率公式可写为

$$P(A) = P\left(\sum_{i=1}^{n} AB_i\right) = \sum_{i=1}^{n} P(A \mid B_i) P(B_i) \qquad (7-1)$$

在全概率公式的条件下，按照条件概率的计算方法，贝叶斯公式可表示为

$$P(B_i \mid A) = \frac{P(A \mid B_i) P(B_i)}{P(A)} = \frac{P(A \mid B_i) P(B_i)}{\sum_{j=1}^{n} P(A \mid B_j) P(B_j)} \qquad (7-2)$$

式（7-2）给出的贝叶斯公式在实际统计推断中的应用价值在于：当把事件 A 看作"结果"，而把诸事件 B_1，B_2，$\cdots$，B_n 看成导致这一结果的可能"原因"时，贝叶斯公式能够实现由"结果"推测"原因"。

在统计推断中，兴趣参数 θ 的先验分布 $\pi(\theta)$ 是指在抽取样本 Y 之前对 θ 可能取值的认识。获取样本 y 后，由于样本 y 也包含了 θ 的信息，因此，对 θ 的认识也就发生了变化和调整，调整的结果是获得对 θ 的新认识，称为后验分布。可见，θ 的后验分布就是在给定 $Y=y$ 条件下 θ 的条件分布，

记为 $\pi(\theta\,|\,y)$，对于有密度的情形，它的密度函数可表示为

$$\pi(\theta\,|\,y)=\frac{h(y,\theta)}{m(y)}=\frac{f(y\,|\,\theta)\pi(\theta)}{\int_{\Theta}f(y\,|\,\theta)\pi(\theta)\mathrm{d}\theta} \tag{7-3}$$

其中，$h(y,\theta)=f(y\,|\,\theta)\pi(\theta)$ 为 Y 的联合分布，θ 为参数 θ 的取值空间，而

$$m(y)=\int_{\Theta}h(y,\theta)\mathrm{d}\theta=\int_{\Theta}f(y\,|\,\theta)\pi(\theta)\mathrm{d}\theta$$

称为 Y 的边缘分布。

式（7-3）就是贝叶斯公式的密度函数形式，它是集中了总体、样本和先验三种信息中有关 θ 的一切信息，而又排除了一切与 θ 无关的信息后所得到的结果。从贝叶斯统计学的观点来看，获取后验分布 $\pi(\theta\,|\,y)$ 后，一切统计推断（如点估计、区间估计以及假设检验等）都必须从 $\pi(\theta\,|\,y)$ 出发。

7.2.2　指数分布的贝叶斯评估模型

电子产品的使用寿命往往服从指数分布，它的分布函数为

$$F(t)=1-\mathrm{e}^{-\lambda t},\lambda>0 \tag{7-4}$$

相应的可靠度为 $R=\mathrm{e}-\lambda t$。如何从试验数据中求出 R 的置信限是可靠性统计的典型问题。注意到寿命试验往往难以观测到全体试验样品的失效数据，如果能得到定数截尾的前 r 个失效时刻 $t_1\leqslant t_2\leqslant\cdots\leqslant t_r$，$t_1$，$t_2$，$\cdots$，$t_r$ 就是样本的前 r 个顺序统计量，似然函数为

$$L(\lambda\,|\,t_1,t_2,\cdots,t_r)=\frac{n!}{(n-r)!}\mathrm{e}^{-T\lambda}\bullet\lambda^r \tag{7-5}$$

式中，$T=\sum_{i=1}^{r}t_i+(n-r)t_r$。

使用不同的先验分布，可以得到不同的后验分布，根据 Jeffreys 原则，可以求出 Fisher 信息量为

$$I(\lambda) = \frac{r}{\lambda^2} \tag{7-6}$$

于是，若先验分布 $\pi(\lambda) \propto \lambda^{-1}$，则后验分布为

$$h(\lambda \mid t_1, t_2, \cdots, t_r) \propto \lambda^{r-1} e^{-\lambda T} \tag{7-7}$$

若采用共轭先验分布，则相应的先验分布是 $\Gamma(a,b)$，即

$$\pi(\lambda) \propto \lambda^{a-1} e^{-b\lambda}$$

此时的后验分布为

$$h(\lambda \mid t_1, t_2, \cdots, t_r) \propto \lambda^{a+r-1} e^{-\lambda(T+b)} \tag{7-8}$$

显然，式（7-7）是式（7-8）的特例，相应于 $a=b=0$。

从式（7-8）出发，λ 的贝叶斯估计为

$$\hat{\lambda} = E(\lambda \mid t_1, t_2, \cdots, t_r) = \frac{a+r}{b+T} \tag{7-9}$$

注意到在 t 时刻的可靠度 $R = \exp(-\lambda t)$，即 $\ln R = -\lambda t$，它是 λ 的线性函数，很容易求得 R 的后验分布为

$$P(R < x \mid t_1, t_2, \cdots, t_r) = P\left(\lambda > -\frac{\ln x}{t} \Big| t_1, t_2, \cdots, t_r\right) = \int_{-\frac{\ln x}{t}}^{\infty} \frac{(T+b)^{a+r}}{\Gamma(a+r)} \lambda^{a+r-1} e^{-\lambda(T+b)} \, d\lambda$$

$$\tag{7-10}$$

利用这个公式，就可以求出可靠度 R 的置信限。如果要求 R 的贝叶斯估计，则直接从式（7-10）求 R 的后验期望即可得

$$\hat{R} = E\{R \mid t_1, t_2, \cdots, t_r\} = \left(\frac{\tau}{1+\tau}\right)^{a+r} \tag{7-11}$$

式中，$\tau = (T+b)/t$。

τ 的实际意义非常明显，分子 $\tau+b$ 表示样本能完成任务的时间 T 和先验信息中能完成任务的时间 b 的总和，分母 t 是任务规定完成的时间，$\hat{R}$ 的值在 $0 \sim 1$ 之间，因为 $\tau > 0$，$\tau < 1+\tau$。如果 τ 很小，即实际完成的与任务要求的相差太远，则可靠度 $\hat{R}$ 就趋向于零；如果 τ 很大，即实际完成的大大超过任务规定的，那么可靠度 $\hat{R}$ 就趋向于 1。

7.2.3　威布尔分布的贝叶斯评估模型

二参数威布尔分布的分布函数为

$$F(t\,|\,\eta,m)=1-\exp\left\{-\left(\frac{t}{\eta}\right)^m\right\},t>0$$

设 n 个产品中前 r 个失效时间为 $t_1\leqslant t_2\leqslant\cdots\leqslant t_r$。若参数 m 已知，这时由于 $t_1^m\leqslant t_2^m\leqslant\cdots\leqslant t_r^m$ 为来自指数分布 exp（$1/\eta$）的前 r 个顺序统计量，因此，参数 θ 的贝叶斯估计可转化为指数分布进行处理。若 m 未知（实际通常如此），则比较麻烦，相应的似然函数为

$$L(\lambda,m\,|\,t_1,t_2,\cdots t_r)\propto\lambda^r m^r W^{m-1}\mathrm{e}^{\lambda T_r(m)}$$

式中，$\lambda=$（$1/\eta$）m；$W=\prod\limits_{i=1}^{r}t_i$；$T_r(m)=\sum\limits_{i=1}^{r}t_i^m+(n-r)t_r^m$。对于参数 λ，可选择伽玛分布作为共轭先验分布；对于参数 m，则没有共轭先验分布，从实际情况出发可考虑以下几种先验：

（1）如果知道 m 的范围在区间 $[b_1,\ b_2]$ 内，则可使用 $[b_1,\ b_2]$ 上的均匀分布。

（2）由于分布的失效率与 m 相对应，若知道失效率是递减的，则 $0<m<1$，这时可选用贝塔分布作为先验。

（3）如果知道失效率是递增的，则 $m>1$，这时可选用先验分布，使 $m'=m-1$ 服从伽玛分布。

（4）如果知道 m 只能取有限个值，例如 b_1，b_2，$\cdots$，b_k，此时选择离散先验分布，即

$$\pi(b_i)=P(m=b_i)=p_i,i=1,2,\cdots,k$$

这里仅讨论（4）的离散情况。取 λ 的先验为伽玛分布 Ga（d，τ），且 λ 和 m 是独立的，这时它们的先验分布为

$$\pi(\lambda,b_i)\propto\lambda^{d-1}\mathrm{e}^{-\tau\lambda}p_i,\lambda>0,i=1,2,\cdots,k$$

于是 λ 和 m 的联合后验分布为

$$h(\lambda,b_i|t_1,t_2,\cdots,t_r) = \frac{p_i b_i^r W^{b_i-1} \lambda^{d+r-1} \mathrm{e}^{-\lambda[T_r(b_i)+\tau]}}{\sum\limits_{i=1}^{k} p_i b_i^r W^{b_i-1} \int_0^{+\infty} \lambda^{d+r-1} \mathrm{e}^{-\lambda[T_r(b_i)+\tau]} \, \mathrm{d}\lambda}$$

$$\propto \frac{p_i b_i^r W^{b_i-1} \lambda^{d+r-1} \mathrm{e}^{-\lambda[T_r(b_i)+\tau]}}{\sum\limits_{i=1}^{k} p_i b_i^r W^{b_i-1} / [T_r(b_i)+\tau]^{d+r}}, i=1,2,\cdots,k, \lambda > 0$$

由此得到 m 的后验分布为

$$h(b_i|t_1,t_2,\cdots,t_r) = \frac{p_i b_i^r W^{b_i-1} / [T_r(b_i)+\tau]^{d+r}}{\sum\limits_{i=1}^{k} p_i b_i^r W^{b_i-1} / [T_r(b_i)+\tau]^{d+r}}, i=1,2,\cdots,k \quad (7-12)$$

而 λ 的后验分布为

$$h(\lambda|t_1,t_2,\cdots,t_r) = \frac{\sum\limits_{i=1}^{k} p_i b_i^r W^{b_i-1} \lambda^{d+r-1} \mathrm{e}^{-\lambda[T_r(b_i)+\tau]}}{\sum\limits_{i=1}^{k} p_i b_i^r W^{b_i-1} / [T_r(b_i)+\tau]^{d+r}}, \lambda > 0 \quad (7-13)$$

进而得到 m 的贝叶斯估计为

$$\hat{m} = \frac{\sum\limits_{i=1}^{k} p_i b_i^{r+1} W^{b_i-1} / [T_r(b_i)+\tau]^{d+r}}{\sum\limits_{i=1}^{k} p_i b_i^r W^{b_i-1} / [T_r(b_i)+\tau]^{d+r}} \quad (7-14)$$

λ 的贝叶斯估计为

$$\hat{\lambda} = \frac{\sum\limits_{i=1}^{k} p_i b_i^r W^{b_i-1} / [T_r(b_i)+\tau]^{d+r+1}}{\sum\limits_{i=1}^{k} p_i b_i^r W^{b_i-1} / [T_r(b_i)+\tau]^{d+r}} \quad (7-15)$$

相应的可靠度的贝叶斯估计为

$$\hat{R}(t) = \mathrm{e}^{-t\hat{m}/\hat{\lambda}} \quad (7-16)$$

对于前面提到 m 的另外三种连续先验，甚至更为一般的对数上凸的先验分布，可以通过马尔可夫-蒙特卡洛（MCMC）抽样方法计算后验分布，例如 Gibbs 抽样方法,实现威布尔分布参数和关注的可靠性指标的贝叶斯估计。

7.2.4　正态与对数正态分布的贝叶斯分析

对数正态分布与正态分布关系密切,即若寿命 T 服从对数正态分布 $\ln(\mu, \sigma_2)$,则其对数 $X = \ln T$ 服从正态分布 $N(\mu, \sigma_2)$。而对数正态分布的密度函数为

$$f(t \mid \mu, \sigma^2) = \frac{1}{\sqrt{2\pi}\sigma t} \exp\left\{-\frac{\ln t - \mu}{2\sigma^2}\right\}, t > 0$$

又因为对数变换具有严格单调性,因此,对数正态分布的样本 $t_1, t_2, \cdots, t_n$ 的前 r 个顺序统计量 $t(1) \leqslant t(2) \leqslant \cdots \leqslant t(r)$,取对数后所得的 $\ln t(1) \leqslant \ln t(2) \leqslant \cdots \leqslant \ln t(r)$ 是正态分布样本 $\ln t_1$,$\ln t_2$,$\cdots$,$\ln t_n$ 的前 r 个顺序统计量。这样,对数正态分布的统计分析可以转化为正态分布来处理。

设 x_1,x_2,$\cdots$,x_n 为来自正态分布 $N(n, \sigma_2)$ 的容量为 n 的样本,记

$$\bar{x} = \frac{1}{n}\sum_{i=1}^{n} x_i, \quad s_\mu^2 = \sum_{i=1}^{n}(x_i - \mu)^2, \quad s^2 = \frac{1}{n-1}\sum_{i=1}^{n}(x_i - \bar{x})^2$$

下面讨论不同先验下,正态分布参数及可靠度的贝叶斯估计。

(1) σ_2 已知,按贝叶斯假设,μ 的先验取无信息先验,即 $\pi(\mu) \propto 1$。因此得到 μ 的后验分布为

$$\mu \mid \bar{x} \sim N\left(\bar{x}, \frac{\sigma^2}{n}\right)$$

得到 μ 的贝叶斯估计为 $\hat{\mu} = \bar{x}$,它与经典的估计相同。

(2) σ_2 已知,选取 μ 共轭先验-正态分布 $N(\mu_0, \sigma_0^2)$,则 μ 的后验分布函数为

$$\mu \mid \bar{x} \sim N(a, d^2)$$

式中，$a = \dfrac{\dfrac{1}{\sigma_0^2}\mu + \dfrac{n}{\sigma^2}\overline{x}}{\dfrac{1}{\sigma_0^2} + \dfrac{n}{\sigma^2}}$，$\dfrac{1}{d^2} = \dfrac{1}{\sigma_0^2} + \dfrac{n}{\sigma^2}$。因此，$\mu$的贝叶斯估计 $\hat{\mu} = a$ 是先验均值与样本均值的加权平均。

（3）μ已知，σ_2 的共轭先验为逆伽玛分布 $IGa(\alpha, \beta)$，由于似然函数与先验密度分别为

$$p(x_1, x_2, \cdots, x_n \mid \sigma^2) \propto (\sigma^2)^{-n/2} \exp\left\{-\frac{ns_\mu^2}{2\sigma^2}\right\}$$

$$\pi(\sigma^2) \propto (\sigma^2)^{-(\alpha+1)} \exp\left\{-\frac{\beta}{\sigma^2}\right\}$$

式中，s_μ^2 为充分统计量，因此，σ^2 的后验为

$$h(\sigma^2 \mid s_\mu^2) \propto (\sigma^2)^{-\left(\alpha+\frac{n}{2}+1\right)} \exp\left\{-\frac{\beta + s_\mu^2/2}{\sigma^2}\right\}$$

这是逆伽玛分布 $IGa\left(\alpha + \dfrac{n}{2}, \beta + \dfrac{s_\mu^2}{2}\right)$ 的核，因此σ_2 的贝叶斯估计为

$$\hat{\sigma}^2 = \frac{2\beta + s_\mu^2}{2\alpha + n - 2}$$

当σ^2 取无信息先验时，即 $\pi(\sigma^2) \propto 1/\sigma^2$（相当于$\alpha = 0$，$\beta = 0$ 的共轭先验），此时σ^2 的后验分布为

$$\sigma^2 \mid s_\mu^2 \sim (\sigma^2)^{-(n/2+1)} \exp\left\{-\frac{s_\mu^2}{2\sigma^2}\right\}$$

这是逆伽玛分布 $IGa\left(\dfrac{n}{2}, \dfrac{s_\mu^2}{2}\right)$ 的核，由此得到σ^2 的贝叶斯估计为

$$\hat{\sigma}^2 = \frac{s_\mu^2/2}{n/2 - 1} = \frac{s_\mu^2}{n - 2} \tag{7-17}$$

（4）μ和σ^2 均未知且独立，按 Jeffrey 原则，（μ，σ^2）取无信息先验

$$\pi(\mu, \sigma^2) \propto 1/\sigma^2$$

易得 μ 和 σ^2 的联合后验分布为

$$h(\mu,\sigma^2\,|\,\overline{x},s^2) \propto (\sigma^2)^{-\left(\frac{n}{2}+1\right)} \exp\left\{-\frac{1}{2\sigma^2}[(n-1)s^2+n(\overline{x}-\mu)^2]\right\} \quad (7-18)$$

式中，$\overline{x}$，s^2 为充分统计量。由此使用边际分布可得到 μ 和 σ^2 的边际后验。

① σ^2 的边际后验。由正态密度函数对 μ 积分得

$$h(\sigma^2\,|\,\overline{x},s^2) \propto (\sigma^2)^{-(n+1)/2} \exp\left\{-\frac{1}{2\sigma^2}(n-1)s^2\right\} \quad (7-19)$$

这是逆伽玛分布 $IGa\left(\dfrac{n-1}{2},\dfrac{(n-1)s^2}{2}\right)$ 的核，由此，得到 σ^2 的贝叶斯估计为

$$\hat{\sigma}^2 = \frac{(n-1)s^2/2}{\dfrac{n-1}{2}-1} = \frac{(n-1)s^2}{n-3} \quad (7-20)$$

② μ 的边际后验分布。对 σ^2 积分得

$$h(\mu\,\big|\,\overline{x},s^2) = \int_0^{+\infty} h(\mu,\sigma^2\,|\,\overline{x},s^2)\mathrm{d}\sigma^2$$

做变换 $z = \dfrac{A}{2\sigma^2}$，其中 $A = (n-1)s^2 + n(\mu-\overline{x})^2$，则

$$h(\mu\,|\,\overline{x},s^2) \propto \left[1+\frac{n(\mu-\overline{x})^2}{(n-1)s^2}\right]^{-n/2} \quad (7-21)$$

这是自由度为 $n-1$，位置参数为 $\overline{x}$，刻度参数为 s^2/n 的一般 t 分布 $t(n-1,\overline{x},s^2/n)$ 的核，故 μ 的贝叶斯估计就是 t 分布的对称中心，即 $\hat{\mu}=\overline{x}$。

将式（7-20）和式（7-21）重新改写，不难发现它们分别是卡方分布和 t 分布，即

$$\frac{(n-1)s^2}{\sigma^2}\,|\,\overline{x},s^2 \sim \chi^2(n-1) \text{ 与 } \frac{\mu-\overline{x}}{s^2/n}\,|\,\overline{x},s^2 \sim t(n-1)$$

这两个结果表明，在无信息先验 $\pi(\mu,\sigma^2) \propto 1/\sigma^2$ 下，μ 和 σ^2 的后验分布与经典频率学派下使用枢轴量法得到的分布非常相似，因此相应的区间估计形式也可类似得到。

（5）μ和σ_2均未知且相关，其联合先验由两部分组成：一是σ^2的先验取逆伽玛分布；二是在σ^2给定下，μ的条件先验取为正态分布，即

$$\mu\,|\,\sigma^2 \sim N\left(\mu_0,\frac{\sigma^2}{\kappa_0}\right),\quad \sigma^2 \sim IGa\left(\frac{v_0}{2},\frac{v_0\sigma_0^2}{2}\right) \quad (7-22)$$

记该联合先验分布为$N-IGa\left(\mu_0,\frac{\sigma^2}{\kappa_0};v_0,\sigma_0^2\right)$，其密度函数为

$$\pi(\mu,\sigma^2) \propto \sigma^{-1}(\sigma^2)^{-\left(\frac{v_0}{2}+1\right)}\exp\left\{-\frac{1}{2\sigma^2}[v_0\sigma_0^2+\kappa_0(\mu_0-\mu)^2]\right\}$$

① μ和σ^2的联合后验密度。将先验分布与似然函数结合起来可得

$$h(\mu,\sigma^2\,|\,\overline{x},s^2) \propto \sigma^{-1}(\sigma^2)^{-\left(\frac{v_n}{2}+1\right)}\exp\left\{-\frac{1}{2\sigma^2}[v_n\sigma_n^2+\kappa_n(\mu_n-\mu)^2]\right\} \quad (7-23)$$

它是分布$N-IGa(\mu_n,\sigma_n^2/\kappa_n;v_n,\sigma_n^2)$的核，其中，

$$\mu_n=\frac{\kappa_0}{\kappa_0+n}\mu_0+\frac{n}{\kappa_0+n}\overline{x}$$

$$\kappa_n=\kappa_0+n$$

$$v_n=v_0+n$$

$$v_n\sigma_n^2=v_0\sigma_0^2+(n-1)s^2+\frac{\kappa_0 n}{\kappa_0+n}(\overline{x}-\mu_0)$$

从这个意义上来说，式（7-23）是参数μ和σ^2的联合共轭先验。该分布的意义如下：

μ_n为先验均值μ_0与样本均值$\overline{x}$的加权平均，权数正比于先验参数κ_0与样本量n。

后验平方和$v_n\sigma_n^2$为先验平方和样本平方和$v_0\sigma_0^2$样本平方和$(n-1)s^2$及由样本均值与先验均值的差异所引起的不确定性之和。

② σ^2的边际后验密度。由μ和σ^2的联合后验密度关于μ积分，易得σ^2的边际后验，它是逆伽玛分布$IGa\left(\frac{v_n}{2},\frac{v_n\sigma_n^2}{v_n-2}\right)$，其均值$\frac{v_n\sigma_n^2}{v_n-2}$是$\sigma^2$的贝

叶斯估计。

③ μ 的边际后验密度。与无信息先验场合的推导类似，可得

$$H(\mu \mid \bar{x}, s^2) \propto \left[1 + \frac{\kappa_n (\mu - \mu_n)^2}{v_n \sigma_n^2} \right]^{-\frac{v_n+1}{2}} \qquad （7-24）$$

即

$$\mu \mid \bar{x}, s^2 \propto t(v_n; \mu_n, \sigma_n^2 / \kappa_n) \qquad （7-25）$$

其均值 μ_n 就是 μ 的贝叶斯估计。

（6）μ 和 σ^2 均未知且独立，先验分别取为正态及逆伽玛分布，即

$$\mu \sim N(\mu_0, \tau_0^2), \quad \sigma^2 \sim IGa\left(\frac{v_0}{2}, \frac{v_0 \sigma_0^2}{2} \right)$$

这时，它们不再是共轭先验分布。实际上 μ 的后验分布没有解析表达式，而 σ^2 的后验分布相当复杂，相应的数据处理可通过蒙特卡洛重抽样方法来进行。

（7）可靠度的贝叶斯估计。设任务时间为 x_0，若 μ 和 σ^2 的联合先验按 Jeffery 原则选取，即

$$\pi(\mu, \sigma^2) \propto 1 / \sigma^2$$

则由联合后验分布式，经计算得到可靠度 $R = R(x_0) = 1 - \Phi\left(\dfrac{x_0 - \mu}{\sigma} \right)$ 的贝叶斯估计为

$$\hat{R} = 1 - \int_{-\infty}^{x_0} \frac{\Gamma\left(\dfrac{n}{2} \right)}{\Gamma\left(\dfrac{n-1}{2} \right) \sqrt{(n-1)\pi}\, \sigma'} \left[1 + \frac{1}{n-1} \left(\frac{\bar{x} - x}{\sigma'} \right)^2 \right]^{-\frac{(n-1)+1}{2}} \mathrm{d}x \quad （7-26）$$

式中，$\sigma' = \sqrt{\dfrac{n+1}{n}}\, s$，上述积分中的被积函数恰为 t 分布 $t(n-1, \bar{x}, \sigma'^2)$ 的密度函数，因此 R 的贝叶斯估计为服从 $t(n-1, \bar{x}, \sigma'^2)$ 的随机变量大于任务时间 x_0 的概率。

7.3 基于贝叶斯理论的可靠性数据融合方法

统计推断中使用的三种信息分别为总体信息、样本信息和先验信息。总体信息反映了总体的分布形式；样本信息是从总体中抽取的样本所提供的信息；先验信息是在抽样之前，有关统计推断问题中未知参数的一些信息，一般来自经验和历史资料。贝叶斯理论提供了一种基于上述三种信息计算兴趣参数后验概率的方法。显然，构造兴趣参数的先验分布是实现数据融合的关键。

7.3.1 标准幂先验构造方法

信息更新具有序贯特性，因此，在靶场试验鉴定中采用具有参数信息先验的贝叶斯方法来融合历史数据和当前数据是一种自然的选择。传统方法应用历史数据来构造信息先验，并将其与似然函数结合得到统计推断的后验分布。由于给定的两种数据集的权值相同，这就意味着将当前数据与历史数据进行简单融合。在假定当前数据与历史数据服从同一分布簇时，这种方法可以给出良好的证明。然而，尽管通常假设当前数据与历史数据服从同一分布簇，其分布参数也可能随时间和不同的试验设置而发生变化。如果历史数据的样本量远大于现场试验数据的样本量，且两种数据集存在分布不均匀性，历史信息就会主导分析与评估的结果，使数据融合得到错误的结论。为了解决这一问题，基于历史数据可用性的思想提出了幂先验，采用幂指数 δ（$0 \leqslant \delta \leqslant 1$）来控制历史数据对当前研究的影响。

定义当前数据为 $\boldsymbol{D}=(n, \boldsymbol{y}, \boldsymbol{X})$，其中，$n$ 为样本量，$\boldsymbol{y}$ 表示 $n \times 1$ 的响应向量，$\boldsymbol{X}$ 表示 $n \times p$ 的协变量矩阵。给定当前数据的条件下，兴趣参数 θ 的似然函数为 $L(\theta|\boldsymbol{D})$。假设相似研究的历史数据记为 $\boldsymbol{D}_0=(n_0, y_0, X_0)$，$\pi_0(\theta|\cdot)$

表示获得历史数据 $\boldsymbol{D}_0$ 之前的 θ 的先验分布，也称为 θ 的初始先验（initial prior）。假设在给定的 θ 下，历史数据 $\boldsymbol{D}_0$ 和当前数据 $\boldsymbol{D}$ 为独立的随机样本。则在给定幂指数 δ 时，用于当前研究的 θ 的幂先验定义为

$$\pi(\theta|\boldsymbol{D}_0,\delta) \propto (L(\theta|\boldsymbol{D}_0))^\delta \pi_0(\theta|c_0) \qquad (7-27)$$

式中，$L(\theta|\boldsymbol{D}_0)$ 为基于历史数据 $\boldsymbol{D}_0$ 得到的似然函数；c_0 为指定的初始先验超参数。

式（7-27）给出的标准幂先验定义中，参数 δ 度量了在当前研究中所需要的历史信息权值，$\delta=0$ 意味着不需要任何历史信息，而 $\delta=1$ 说明历史数据的似然函数 $L(\theta|\boldsymbol{D}_0)$ 和当前研究的似然函数 $L(\theta|\boldsymbol{D})$ 有相等的权值，对历史数据完全融合。因此，式（7-27）可视为常用的先验分布贝叶斯更新的一种泛化形式。

7.3.2　规则化幂先验构造方法

幂指数 δ 为固定值的情况下，式（7-27）定义的标准幂先验具有良好的适用性。然而，对于幂指数 δ 为随机变量的情况，式（7-27）定义的联合幂先验在实际用于 Bernoulli 模型和正态均值模型时发现，无论历史数据与当前数据的相容性多好，历史数据对后验推断的影响普遍很小，即 δ 的分布总体趋向于 0。此时，对 θ 的后验推断与不利用历史数据的情况没有不同。此外，式（7-27）定义的先验也可能是不适当的。考虑到根据可用的历史信息构造的先验最好是适当的，Duan 提出了如下的 (θ,δ) 的规则化幂先验：

$$\pi(\theta,\delta|\boldsymbol{D}_0)=\pi(\delta|\boldsymbol{D}_0)\pi(\theta|\delta,\boldsymbol{D}_0) \propto \frac{L(\theta|\boldsymbol{D}_0)^\delta \pi(\theta)\pi(\delta)I_A(\delta)}{\int_\Theta L(\theta|\boldsymbol{D}_0)^\delta \pi(\theta)\mathrm{d}\theta} \qquad (7-28)$$

式中，$A=\left\{\delta:0<\int_\Theta L(\theta|\boldsymbol{D}_0)^\delta \pi(\theta)\mathrm{d}\theta<\infty\right\}$，$I_A(\delta)$ 为示性函数，表示当 $\delta \in A$ 时，$I_A(\delta)=1$，否则 $I_A(\delta)=0$。式（7-28）和式（7-27）的不同之处在于：

若给定的 $\pi(\delta)$ 为适当的，则由式（7-28）定义的 (θ,δ) 规则化幂先验是适当的，而由式（7-27）定义的 (θ,δ) 标准幂先验未必适当。

应用当前数据 $\boldsymbol{D}$ 来更新式（7-5）的先验分布 $\pi(\theta,\delta\,|\,\boldsymbol{D}_0)$，可以推导出 (θ,δ) 的联合后验分布为

$$\pi(\theta,\delta\,|\,\boldsymbol{D}_0,\boldsymbol{D}) \propto L(\theta\,|\,\boldsymbol{D})\pi(\theta,\delta\,|\,\boldsymbol{D}_0) \propto \frac{L(\theta\,|\,\boldsymbol{D})L(\theta\,|\,\boldsymbol{D}_0)^\delta\pi(\theta)\pi(\delta)}{\int_\Theta L(\theta\,|\,\boldsymbol{D}_0)^\delta\pi(\theta)\mathrm{d}\theta}I_A(\delta)$$

对上式在 θ 上积分，δ 的边缘后验分布可写为

$$\pi(\delta\,|\,\boldsymbol{D}_0,\boldsymbol{D}) \propto \pi(\delta)\frac{\int_\Theta L(\theta\,|\,\boldsymbol{D})L(\theta\,|\,\boldsymbol{D}_0)^\delta\pi(\theta)\mathrm{d}\theta}{\int_\Theta L(\theta\,|\,\boldsymbol{D}_0)^\delta\pi(\theta)\mathrm{d}\theta}I_A(\delta) \qquad (7-29)$$

与此类似，θ 的边缘后验分布 $\pi(\theta\,|\,\boldsymbol{D}_0,\boldsymbol{D})$ 可通过对 δ 的积分得到。如果只对 θ 感兴趣，可在初期就对 $\pi(\theta,\delta\,|\,\boldsymbol{D}_0)$ 在 δ 上进行积分，由历史信息更新得到 θ 的一个新的先验分布

$$\pi(\theta\,|\,\boldsymbol{D}_0) = \int_A \pi(\theta,\delta\,|\,\boldsymbol{D}_0)\mathrm{d}\delta \propto \pi(\theta)\int_A \frac{L(\theta\,|\,\boldsymbol{D}_0)^\delta\pi(\delta)I_A(\delta)}{\int_\Theta L(\theta\,|\,\boldsymbol{D}_0)^\delta\pi(\theta)\mathrm{d}\theta}\mathrm{d}\delta \qquad (7-30)$$

通过适当地融合历史数据，$\pi(\theta\,|\,\boldsymbol{D}_0)$ 可视为对当前数据进行贝叶斯分析的一种信息先验。因此，θ 的后验分布可写为

$$\pi(\theta\,|\,\boldsymbol{D}_0,\boldsymbol{D}) \propto \pi(\theta\,|\,\boldsymbol{D}_0)L(\theta\,|\,\boldsymbol{D}_0,\boldsymbol{D})$$

$$\propto \pi(\theta)L(\theta\,|\,\boldsymbol{D})\int_A \frac{L(\theta\,|\,\boldsymbol{D}_0)^\delta\pi(\delta)I_A(\delta)}{\int_\Theta L(\theta\,|\,\boldsymbol{D}_0)^\delta\pi(\theta)\mathrm{d}\theta}\mathrm{d}\delta \qquad (7-31)$$

7.3.3 考虑信息交互影响的信息融合方法

考虑信息的交互影响时，可应用规则化幂先验融合多源历史数据集的情况。假设有 k 项历史研究，定义 $\boldsymbol{D}_{0j}$ 为第 j 个研究的历史数据，$j=1,2,\cdots,k$，$\underline{\boldsymbol{D}}_0=(\boldsymbol{D}_{01},\boldsymbol{D}_{02},\cdots,\boldsymbol{D}_{0k})$。有学者建议对不同的历史数据集选用不同的加权参数 δ_j，并取各个 δ_j 为独立同分布且超参数为 (α_0,β_0) 的 Beta

随机变量。令 $\underline{\delta}=(\delta_1,\delta_2,\cdots,\delta_k)$，则多源信息的规则化幂先验可定义为

$$\pi(\theta,\underline{\delta}\,|\,\underline{D}_0)\propto\frac{\left(\prod_{j=1}^k L(\theta\,|\,D_{0j})^{\delta_j}\pi(\delta_j\,|\,\alpha_0,\beta_0)\right)\pi(\theta)}{\int\left(\prod_{j=1}^k L(\theta\,|\,D_{0j})^{\delta_j}\right)\pi(\theta)\mathrm{d}\theta}I_B(\underline{\delta})\quad（7-32）$$

式中，$B=\left[(\delta_1,\delta_2,\cdots\delta_k):0<\int\left(\prod_{j=1}^k L(\theta\,|\,D_{0j})^{\delta_j}\right)\pi(\theta)\mathrm{d}\theta<\infty\right]$。

融合当前数据 $\boldsymbol{D}$ 后，兴趣参数 θ 对 $\underline{\delta}$ 的条件后验分布为

$$\pi(\theta\,|\,\underline{\delta},\underline{D}_0,\boldsymbol{D})\propto\left(\prod_{j=1}^k L(\theta\,|\,D_{0j})^{\delta_j}\pi(\delta_j\,|\,\alpha_0,\beta_0)\right)L(\boldsymbol{D})\pi(\theta)\quad（7-33）$$

$\underline{\delta}$ 的边缘后验分布为

$$\pi(\underline{\delta}\,|\,\underline{D}_0,\boldsymbol{D})\propto\frac{\int\left(\prod_{j=1}^k L(\theta\,|\,D_{0j})^{\delta_j}\pi(\delta_j\,|\,\alpha_0,\beta_0)\right)L(\boldsymbol{D})\pi(\theta)\mathrm{d}\theta}{\int\left(\prod_{j=1}^k L(\theta\,|\,D_{0j})^{\delta_j}\right)\pi(\theta)\mathrm{d}\theta}I_B(\underline{\delta})\quad（7-34）$$

将以上融合多源历史数据集的方法称为"方法 A"。注意，在方法 A 中，每个幂指数 δ_j 不仅与 $\boldsymbol{D}_{0j}$ 和 $\boldsymbol{D}$ 的不一致性程度有关，还与 $\boldsymbol{D}$ 和所有的 $\underline{D}_0$ 的不一致性相关。此外，式（7-34）还表明，所有的幂指数 δ_j 之间有相互影响。

尽管对式（7-33）定义的条件后验分布 $\pi(\theta\,|\,\underline{\delta},\underline{D}_0,\boldsymbol{D})$ 没有什么争议，但当存在可用的多源历史数据集时，还有其他方法可用于定义 $\underline{\delta}$ 的后验特性。例如，考虑方法 C，其 $\pi(\theta\,|\,\underline{\delta},\underline{D}_0,\boldsymbol{D})$ 与方法 A 相同，但有不同的 $\pi(\underline{\delta}\,|\,\underline{D}_0,\boldsymbol{D})$ 定义：

$$\pi(\underline{\delta}\,|\,\underline{D}_0,\boldsymbol{D})\propto\prod_{j=1}^k\frac{\int L(\theta\,|\,D_{0j})^{\delta_j}\pi(\delta_j\,|\,\alpha_0,\beta_0)L(\boldsymbol{D})\pi(\theta)\mathrm{d}\theta}{\int L(\theta\,|\,D_{0j})^{\delta_j}\pi(\theta)\mathrm{d}\theta}I_{A_j}(\delta_j)\quad（7-35）$$

式中，$A_j=\left[\delta_j:0<\int L(\theta\,|\,D_{0j})^{\delta_j}\pi(\delta_j\,|\,\alpha_0,\beta_0)\pi(\theta)\mathrm{d}\theta<\infty\right]$，$j=1,2,\cdots,k$。

可见，在方法 C 中，每个幂参数 δ_j 仅受 $\boldsymbol{D}_{0j}$ 和 $\boldsymbol{D}$ 控制，因此，历史数据集之间没有交互影响，研究中每个 $\boldsymbol{D}_{0j}$ 的作用是独立确定的。

与此类似，可以定义介于方法 A 和方法 C 之间的方法 B，来控制多源历史数据集的影响。方法 B 中，$\underline{\delta}$ 的边缘后验分布定义为

$$\pi(\underline{\delta} \mid \boldsymbol{D}_0, \boldsymbol{D}) \propto \frac{\int\left(\prod_{j=1}^{k} L(\theta \mid \boldsymbol{D}_{0j})^{\delta_j} \pi(\delta_j \mid \alpha_0, \beta_0)\right) L(\boldsymbol{D}) \pi(\theta) \mathrm{d}\theta}{\prod_{j=1}^{k} \int L(\theta \mid \boldsymbol{D}_{0j})^{\delta_j} \pi(\theta) \mathrm{d}\theta} \prod_{j=1}^{k} I_{A_j}(\delta_j)$$

$$(7\text{-}36)$$

方法 A、B 和 C 中兴趣参数的条件后验分布 $\pi(\theta \mid \underline{\delta}, \boldsymbol{D}_0, \boldsymbol{D})$ 具有相同的形式，但幂指数后验分布 $\pi(\underline{\delta} \mid \boldsymbol{D}_0, \boldsymbol{D})$ 具有不同的形式。考虑对方差未知的正态分布均值参数进行估计的情形，假设当前数据 $\boldsymbol{D} = (y_1, y_2, \cdots, y_n)$ 来自均值 μ 和方差 σ_2 均未知的正态分布，且有历史数据集 $\boldsymbol{D}_{01} = (y_{011}, y_{012}, \cdots, y_{01m_1})$ 和 $\boldsymbol{D}_{02} = (y_{021}, y_{022}, \cdots, y_{02m_2})$。令

$$\bar{y}_{01} = \frac{1}{m_1} \sum_{i=1}^{m_1} y_{01i}, \quad \bar{y}_{02} = \frac{1}{m_2} \sum_{i=1}^{m_2} y_{02i}, \quad \bar{y} = \frac{1}{n} \sum_{i=1}^{n} y_i$$

$$\hat{\sigma}_{01}^2 = \frac{1}{m_1} \sum_{i=1}^{m_1} (y_{01i} - \bar{y}_{01})^2, \quad \hat{\sigma}_{02}^2 = \frac{1}{m_2} \sum_{i=1}^{m_2} (y_{02i} - \bar{y}_{02})^2, \quad \hat{\sigma}^2 = \frac{1}{n} \sum_{i=1}^{n} (y_i - \bar{y})^2$$

取 (μ, σ^2) 的初始先验为 Jeffreys 先验，即 $\pi(\mu, \sigma^2) \propto (\sigma^2)^{-1.5}$，$\delta_j$ 的初始先验为（0，1）上的均匀分布。根据式（7-30），可以导出 (μ, σ^2) 的后验分布为

$$\mu \mid \sigma^2, \underline{\delta}, \boldsymbol{D}_0, \boldsymbol{D} \sim N\left(\frac{\delta_1 m_1 \bar{y}_{01} + \delta_2 m_2 \bar{y}_{02} + n\bar{y}}{\delta_1 m_1 + \delta_2 m_2 + n}, \frac{\sigma^2}{\delta_1 m_1 + \delta_2 m_2 + n}\right)$$

$$\sigma^2 \mid \underline{\delta}, \boldsymbol{D}_0, \boldsymbol{D} \sim \text{Inverse-Gamma}\left(\frac{\delta_1 m_1 + \delta_2 m_2 + n}{2}, \beta_1\right) \qquad (7\text{-}37)$$

式中，

$$\beta_1 = \cfrac{2}{n\hat{\sigma}^2 + \delta_1 m_1 \hat{\sigma}_{01}^2 + \delta_2 m_2 \hat{\sigma}_{02}^2 + \cfrac{n\delta_1 m_1 (\bar{y} - \bar{y}_{01})^2 + n\delta_2 m_2 (\bar{y} - \bar{y}_{02})^2 + \delta_1 m_1 \delta_2 m_2 (\bar{y}_{01} - \bar{y}_{02})^2}{\delta_1 m_1 + \delta_2 m_2 + n}}$$

根据式（7-34），应用方法 A 时，$\underline{\delta}$ 的边缘后验分布为

$$\pi(\delta_1, \delta_2 \mid \underline{\boldsymbol{D}}_0, \boldsymbol{D}) \propto \frac{\Gamma\left(\dfrac{\delta_1 m_1 + \delta_2 m_2 + n}{2}\right)(\delta_1 m_1 + \delta_2 m_2 + n)^{-0.5} \beta_1^{\frac{\delta_1 m_1 + \delta_2 m_2 + n}{2}}}{\Gamma\left(\dfrac{\delta_1 m_1 + \delta_2 m_2}{2}\right)(\delta_1 m_1 + \delta_2 m_2)^{-0.5} \beta_2^{\frac{\delta_1 m_1 + \delta_2 m_2}{2}}} \qquad (7-38)$$

式中，

$$\beta_2 = \frac{2}{\delta_1 m_1 \hat{\sigma}_{01}^2 + \delta_2 m_2 \hat{\sigma}_{02}^2 + \dfrac{\delta_1 m_1 \delta_2 m_2 (\bar{y}_{01} - \bar{y}_{02})^2}{\delta_1 m_1 + \delta_2 m_2}}$$

根据式（7-36），应用方法 B 时，$\underline{\delta}$ 的边缘后验分布为

$$\pi(\delta_1, \delta_2 \mid \underline{\boldsymbol{D}}_0, \boldsymbol{D}) \propto$$

$$\frac{\Gamma\left(\dfrac{\delta_1 m_1 + \delta_2 m_2 + n}{2}\right)(\delta_1 m_1 + \delta_2 m_2 + n)^{-0.5} \beta_1^{\frac{\delta_1 m_1 + \delta_2 m_2 + n}{2}}}{\Gamma\left(\dfrac{\delta_1 m_1}{2}\right)(\delta_1 m_1)^{-0.5}\left(\dfrac{2}{\delta_1 m_1 \hat{\sigma}_{01}^2}\right)^{\frac{\delta_1 m_1}{2}} \Gamma\left(\dfrac{\delta_2 m_2}{2}\right)(\delta_2 m_2)^{-0.5}\left(\dfrac{2}{\delta_2 m_2 \hat{\sigma}_{02}^2}\right)^{\frac{\delta_2 m_2}{2}}} \qquad (7-39)$$

根据式（7-35），应用方法 C 时，$\underline{\delta}$ 的边缘后验分布为

$$\pi(\delta_1, \delta_2 \mid \underline{\boldsymbol{D}}_0, \boldsymbol{D}) = \pi(\delta_1 \mid \underline{\boldsymbol{D}}_0, \boldsymbol{D})\pi(\delta_2 \mid \underline{\boldsymbol{D}}_0, \boldsymbol{D}) \qquad (7-40)$$

式中，

$$\pi(\delta_1 \mid \underline{\boldsymbol{D}}_0, \boldsymbol{D}) \propto \frac{\Gamma\left(\dfrac{\delta_1 m_1 + n}{2}\right)(\delta_1 m_1 + n)^{-0.5}\left(\dfrac{2}{\delta_1 m_1 \hat{\sigma}_{01}^2 + n\hat{\sigma}^2 + \dfrac{\delta_1 m_1 n (\bar{y}_{01} - \bar{y})^2}{\delta_1 m_1 + n}}\right)^{\frac{\delta_1 m_1 + n}{2}}}{\Gamma\left(\dfrac{\delta_1 m_1}{2}\right)(\delta_1 m_1)^{-0.5}\left(\dfrac{2}{\delta_1 m_1 \hat{\sigma}_{01}^2}\right)^{\frac{\delta_1 m_1}{2}}},$$

$$\pi(\delta_2 \mid \underline{\boldsymbol{D}}_0, \boldsymbol{D}) \propto \frac{\Gamma\left(\dfrac{\delta_2 m_2 + n}{2}\right)(\delta_2 m_2 + n)^{-0.5}\left(\dfrac{2}{\delta_2 m_2 \hat{\sigma}_{02}^2 + n\hat{\sigma}^2 + \dfrac{\delta_2 m_2 n (\bar{y}_{02} - \bar{y})^2}{\delta_2 m_2 + n}}\right)^{\frac{\delta_2 m_2 + n}{2}}}{\Gamma\left(\dfrac{\delta_2 m_2}{2}\right)(\delta_2 m_2)^{-0.5}\left(\dfrac{2}{\delta_2 m_2 \hat{\sigma}_{02}^2}\right)^{\frac{\delta_2 m_2}{2}}}$$

对上述三种方法在实际应用中的表现进行了仿真分析，考虑正态分布下 μ_{01}，μ_{02}，m_1 和 m_2 的 8 种组合，以涵盖不同的样本量大小和样本分布差异度，并取当前样本的总体均值 μ 为兴趣参数，μ 后验估计的均方误差（MSE）为估计的优良性度量。结果表明，方法 A 的均方误差一致小于方法 B 和 C，且同时小于不用历史数据估计的情形。可见，方法 A 通过考虑信息交互影响来构造规则化幂先验，明显地改善了后验估计值 $\hat{\mu}$ 的均方误差。

不同研究获取的数据集往往存在分布不一致性，而在同一个研究中得到的数据相对而言具有分布的均匀性。式（7-32）给出的规则化幂先验框架能够适应不同历史数据集之间可能存在的分布不一致性。

7.4　火炮可靠性鉴定试验的综合评估方案

通常情况下，能够获取的可靠性试验数据都是非常有限的。如何合理利用有限的试验数据，实现对火炮可靠性鉴定试验的综合评估，是一项非常有挑战性的工作。经典统计学在样本量较大时能够给出置信度较高的评估结果，但是当样本量很少时，其统计功效往往很低。贝叶斯理论能够综合应用各类先验信息，实现对兴趣参数的有效评估，不失为一种合理的选择。本节以服从威布尔分布的火炮可靠性寿命数据为例，给出可靠性综合评估方案。

7.4.1　可靠性寿命数据及其经典统计分析

以部件级寿命数据分析为例，表 7-1 给出了抽筒子失效寿命数据，根据经典统计学分析可知其服从威布尔分布，由最小二乘法可以得到其形状参数 $m=5.1$，尺度参数 $\sigma_0=22\,512$，可靠度函数为

$$R(t) = \exp\left(-\left(\frac{t}{\sigma_0}\right)^m\right) = \exp\left(-\left(\frac{t}{22\,512}\right)^{5.1}\right)$$

表 7-2 给出了挡弹板轴失效寿命阈值数据，根据经典统计学分析可知其同样服从威布尔分布，且由最小二乘法得到其形状参数 $m = 5.4$，尺度参数 $\sigma_0 = 2\,700$，挡弹板轴的可靠度函数为

$$R(t) = \exp\left(-\left(\frac{t}{\sigma_0}\right)^m\right) = \exp\left(-\left(\frac{t}{2\,700}\right)^{5.4}\right)$$

表 7-1　抽筒子失效寿命数据

样本	寿命	样本	寿命	样本	寿命	样本	寿命
1	20 043	6	20 388	11	27 851	16	21 530
2	24 210	7	17 717	12	22 689	17	23 393
3	16 371	8	18 581	13	29 890	18	14 882
4	28 185	9	22 505	14	25 201	19	24 967
5	19 115	10	19 097	15	17 919	20	19 406

表 7-2　挡弹板轴失效寿命阈值数据

样本	寿命	样本	寿命
1	2 980	9	1 920
2	2 847	10	2 352
3	3 048	11	2 723
4	3 068	12	2 504
5	1 876	13	2 654
6	2 413	14	3 217
7	2 454	15	2 883
8	3 050	16	3 095

7.4.2 贝叶斯统计分析软件 OpenBUGS 的基本流程

OpenBUGS 软件是采用马尔可夫－蒙特卡洛（MCMC）方法对复杂统计模型进行贝叶斯推断的专业工具，由 Pascal 语言编写并且开放源代码。OpenBUGS 软件可以在 Windows、UNIX、Linux 操作系统下使用，也可以通过 R 软件的程序包（如 R2OpenBUGS）调用来实现贝叶斯统计分析。

在采用 OpenBUGS 软件构建贝叶斯模型时，其操作流程与 WinBUGS 软件基本一致，主要分为 6 个步骤：

步骤 1：模型的构建与数据的输入。

在文件窗口中编写模型程序，完成数据的输入并赋予初始值，在 File 菜单中选择 Save AS 将编写好的程序保存到文档中（后缀名为.odc）。

步骤 2：模型的定义。

选择菜单 Model\Specification，光标移动到模型框架内或者选中 model，单击对话框中的 check model 按钮，若无语法错误，窗口底部将显示 "model is syntactically correct"，然后依次加载数据（load data）、给定模拟链数、编译程序（compile）、加载初始值（load inits）或者由系统自动产生初始值（gen inits），窗口底部将显示 "model is initialized"。

步骤 3：考察参数的选定。

选择菜单 Inference/Samples，在 Sample Monitor Tool 对话框中的 node 处输入需要考察的参数，每输入一个参数名均单击 set，在 node 中输入 "*" 即指定所有需考察的未知参数，trace、history 等按钮单击后不能打开相应的窗口，需在迭代更新后打开。

步骤 4：迭代运算。

选择菜单 Model/Update，在 updates 中输入 MCMC 预迭代次数，单击 update 按钮开始模拟运算，若要中途停止更新，再次单击 update 按钮即可。

步骤 5：收敛性诊断。

单击 Sample Monitor Tool 对话框中 history 按钮观察迭代历史图，trace 按钮给出 Gibbs 动态抽样踪迹图，如果迭代历史图和踪迹图趋于稳定，说明收敛性较好，不收敛则重复步骤 4，增加迭代次数，若迭代很多次后仍不收敛，则需考虑对模型进行相应的修改。

步骤 6：后验分析。

在 beg 中输入丢弃初始迭代结果的次数，减少初始值的影响，单击 Sample Monitor Tool 对话框中的 stats 按钮输出后验参数的描述性统计量，包括均数、中位数、标准差、MC 误差等。coda 按钮可将模拟结果保存到外部文件，供 R 等软件进一步分析和作图使用。

根据可靠性教材中两参数威布尔分布及其特性，如果随机变量 t 的分布服从二参数威布尔分布，则该变量的概率密度函数为

$$f(t) = \frac{m}{\sigma_0}\left(\frac{t}{\sigma_0}\right)^{m-1}\exp\left(-\left(\frac{t}{\sigma_0}\right)^m\right)$$

式中，m 为形状参数；σ_0 为尺度参数。

威布尔分布的期望（即平均失效前时间 MTTF）和方差分别为

$$E(T) = \int_{-\infty}^{+\infty} t \cdot f(t)\mathrm{d}t = \sigma_0 \Gamma\left(1+\frac{1}{m}\right)$$

$$D(T) = \sigma_0^2\left[\Gamma\left(1+\frac{2}{m}\right) - \Gamma^2\left(1+\frac{1}{m}\right)\right]$$

OpenBUGS 中给出的威布尔分布函数为

$$f(t) = v\lambda t^{v-1}\exp(-\lambda t^v)，\ t>0$$

显然与教材中对威布尔分布的失效密度函数描述形式不一致，因此需对参数进行转换。根据参数的对应关系，显然有

$$\begin{cases} \sigma_0 = \lambda^{-1/v} \\ m = v \end{cases} \tag{7-41}$$

7.4.3 基于 OpenBUGS 的可靠性综合评估

利用 OpenBUGS 实现 Weibull 可靠性寿命分布的估计和分析，模型代码如下：

```
# 定义模型
model <- function(){
  for( i in 1 : N )
  {
    x[i] ~ dweib(nu, lambda)
  }


  # 模型参数的先验分布
  nu~ dunif(0, 10)
  lambda~ dunif(0, 5)
}
# 载入贝叶斯推断数据
N<-20
x <- c(20043, 24210, 16371, 28185, 19115, 20388, 17717, 18581,
22505, 19097,
       27851, 22689, 29890, 25201, 17919, 21530, 23393, 14882,
24967, 19406)
data<-list("N", "x")
# 设定初值
inits <- function(){
  #list(nu = 0.1, lambda = 0.1, x0 = 1.0)
  list(nu = 1.0, lambda = 2.0)
```

```
}
parameters <- c("nu", "lambda")
# Gibbs 抽样计算
Weibull.sim <- bugs(data, inits, parameters, model.file,
                    n.chains = 3, n.iter = 10000)
# 打印结果
print(Weibull.sim)
```

在 R 软件中,调用 R2OpenBUGS 进行求解,可以得到如下结果:

```
Current: 3 chains, each with 10000 iterations (first 5000
discarded)
Cumulative: n.sims = 15000 iterations saved
```

	mean	sd	2.5%	25%	50%	75%	97.5%	Rhat	n.eff
nu	1.9	0.3	1.3	1.7	1.9	2.1	2.7	1	140
lambda	0.0	0.0	0.0	0.0	0.0	0.0	0.0	1	120
deviance	416.6	6.1	405.0	412.4	416.5	420.4	429.6	1	150

图 7-3 给出了抽筒子失效寿命数据威布尔分布形状参数 v 的后验分布。

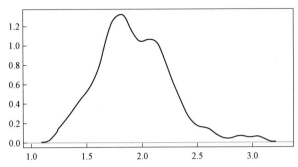

图 7-3　抽筒子失效寿命数据威布尔分布形状
参数 v 的后验分布

上述代码中,将贝叶斯推断数据替换为挡弹板轴失效寿命阈值数据,可以得到威布尔分布的后验分布参数结果如下:

```
Current: 3 chains, each with 10 000 iterations (first 5 000
discarded)
Cumulative: n.sims = 15 000 iterations saved
         mean  sd  2.5%   25%    50%    75% 97.5% Rhat n.eff
nu       2.0 0.5  1.3   1.7   1.9   2.2   3.1  1.0    63
lambda   0.0 0.0  0.0   0.0   0.0   0.0   0.0  1.1    52
deviance 266.9 6.7 252.2 261.5 266.0 270.4 279.0 1.0   67
```

图 7-4 给出了挡弹板轴寿命数据威布尔分布形状参数 ν 的后验分布。

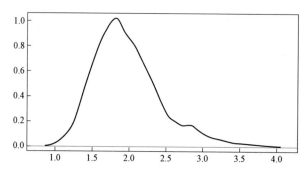

图7-4 挡弹板轴寿命数据威布尔分布形状参数 ν 的后验分布

将后验分布的计算结果按式（7-41）进行转换，可知贝叶斯综合评估结果与经典统计学的拟合结果非常符合，证明了基于 OpenBUGS 进行威布尔分布的寿命数据贝叶斯评估的正确性。

参 考 文 献

[1] 张相炎. 兵器系统可靠性与维修性 [M]. 北京：国防工业出版社，
    2016.

[2] 姜同敏. 可靠性与寿命试验 [M]. 北京：国防工业出版社，2012.

[3] 邱有成，等. 可靠性试验技术 [M]. 北京：国防工业出版社，2003.

[4] 叶豪杰. 采用威布尔分布的可靠性评估方法研究 [J]. 兵器试验，2014
    （3）：38-42.

[5] 邓爱民，等. 基于性能退化数据的可靠性评估 [J]. 宇航学报，2006，
    27（3）：547-552.

[6] 郭伟. 机械产品仿真与试验相结合的可靠性评估方法研究 [D]. 西安：

西北工业大学，2016.

[7] Bayes T. An essay towards solving a problem in the doctrine of chances [J]. Philosophical Transaction of the Roy.Soc，1763（53）：370−418.

[8] 韦来生，等. 贝叶斯分析［M］. 合肥：中国科学技术大学出版社，2013.

[9] Ibrahim J G，Chen M H. Power prior distributions for regression models [J]. Statistical Science，2000，15（1）：47−60.

[10] Chen M，Ibrahim J G，Shao Q. Power prior distributions for generalized linear models［J］. Journal of Statistical Planning and Inference，2000，84（1）：121−137.

[11] 杨华波，等. Bayes 修正幂验前方法在制导精度评定中的应用[J]. 宇航学报，2009，30（6）：2237−2242.